食品加工技术专业交互式数字化创新教材

肉制品生产技术

主编　牛红云　边亚娟

科学出版社

北京

内 容 简 介

　　本书是一本具有丰富的视频、图片和相关学习资源的数字化创新教材。在基本理论、基本技能、基本方法的介绍中,本书力避晦涩难懂,同时注重专业性。结合肉制品企业的产品类型和工作岗位,摒弃了原有工艺、质量控制、设备等内容独立成章的编写模式,每个项目均按照企业生产过程将工艺过程、设备知识、质量控制、成本核算等内容有机地融合在一起,使学生能够全面、系统地进行学习。

　　本书可作为高职院校食品加工技术专业的教材,也可作为食品类专业其他专业的选修课程教材和肉制品生产企业员工的培训教材。

图书在版编目(CIP)数据

肉制品生产技术/牛红云,边亚娟主编. —北京:科学出版社,2021.7
(食品加工技术专业交互式数字化创新教材)
ISBN 978-7-03-059993-3

Ⅰ. ①肉… Ⅱ. ①牛… ②边… Ⅲ. ①肉制品-食品加工-教材 Ⅳ.
①TS251.5

中国版本图书馆 CIP 数据核字(2018)第 287742 号

责任编辑:王　彦 / 责任校对:王万红
责任印制:吕春珉 / 封面设计:东方人华平面设计部

科 学 出 版 社 出版
北京东黄城根北街 16 号
邮政编码:100717
http://www.sciencep.com

铭浩彩色印装有限公司印刷
科学出版社发行　　各地新华书店经销
*

2021 年 7 月第 一 版　　开本:787×1092　1/16
2021 年 7 月第一次印刷　　印张:14 1/4
字数:331 000
定价:44.00 元
(如有印装质量问题,我社负责调换〈铭浩〉)

销售部电话 010-62136230　编辑部电话 010-62130750

前　　言

肉制品是人类获取蛋白质营养的主要来源，也是人们日常饮食的重要食品。随着经济的快速增长，人们生活水平有了较大提高，饮食习惯发生转变，肉制品已经成为人类餐桌上重要的食品。肉制品的产品结构也开始从屠宰后直接进入市场，向冷却肉制品、保鲜肉制品、低温肉制品、深加工肉制品的方向转变，同时人们也越来越注重肉制品的质量和安全。近些年来我国肉制品生产和加工企业发展迅速，对肉制品的生产加工、质量控制、管理方面的人才需求增大，培养肉制品加工与质量控制方面的高端技能型人才已经成为各类高职院校食品类专业的重要任务，"肉制品生产技术"已成为高职院校食品类专业的一门专业核心课程。

本书配有大量的数字化教学资源，读者可通过扫描二维码观看丰富的视频、图片和相关学习资源。本书系统、全面地从畜禽屠宰与分割技术、原料肉加工前检验、肉制品加工、肉制品质量控制等方面进行了阐述，运用"项目引入、任务驱动"的设计理念编排内容。通过项目引入激发学生的学习兴趣，并通过项目的分析展开后续的教学内容，符合学生的认知规律和教育规律；设立实际的工作任务，学生围绕任务展开对相关知识和技能的学习，符合高职学生注重技能的培养要求，也符合当前高职课程的改革需要。

本书由牛红云、边亚娟担任主编，孙强、姚微担任副主编。参加本书编写工作的还有许子刚、王微、王冰、曲彤旭、孙洁心。具体编写分工如下：牛红云负责全书的统稿工作，王冰编写项目一，孙强编写项目二、项目四和项目八，王微编写项目三，许子刚编写项目五、项目九，边亚娟编写项目六，姚微编写项目七，曲彤旭编写项目十，孙洁心编写项目十一。

由于编者水平有限，疏漏之处在所难免，敬请读者不吝指正。

目　录

项目一 畜禽的屠宰与分割技术

假如你是一个生猪屠宰企业的管理人员，现有一批生猪要进场屠宰并分割，你需要安排工作人员进行生猪进场及屠宰之前的检疫和管理，然后进行生猪屠宰、屠宰后的检验及分割处理，那么该如何生产出合格的分割肉？每个生产环节如何操作？工作要点是什么？

任务一 畜禽宰前的检疫和管理

◎ 具体任务

根据教师提供的学习资料和网络教学资源，学生自学畜禽宰前的检疫和管理知识，在教师的指导下完成学习汇报PPT。制订畜禽宰前的检疫和管理方案，按照屠宰企业的规范操作，完成对畜禽的宰前检疫和管理。

◎ 任务准备

各组学生分别完成如下准备工作：

（1）根据教师提供的资料和网络教学资源，通过自学方式掌握畜禽宰前检疫的基础知识。

（2）根据学习资料拟定汇报提纲。

（3）根据教师和同学的建议修改汇报提纲，制作汇报PPT。

（4）按照汇报提纲进行学习汇报。

（5）根据畜禽的宰前检疫方法，制订生猪宰前检疫的方案。

（6）根据教师和同学的建议修改生猪宰前检疫的方案。

（7）按照制订的生猪宰前检疫的方案独立完成检验任务、填写检验报告。

任务目标

（1）能够通过所学理论知识制订生猪宰前检疫的方案，并流畅、清晰地解读方案。
（2）掌握畜禽入场检验的各个检验项目及其检验方法。
（3）掌握畜禽送宰前检验的各个检验项目及其检验方法。
（4）了解畜禽运动时检查的方法和注意事项。
（5）掌握畜禽休息时检查的具体方法和要求。
（6）掌握畜禽饮食、喂水时检查的方法和注意事项。
（7）掌握畜禽温度检查的具体方法。
（8）能够正确填写、准确提交检疫记录表。

一、屠宰前饲养

畜禽运到屠宰场经兽医检验后，按产地、批次、强弱和健康状况分圈、分群饲养。对育肥良好的畜禽的饲喂量，以能恢复运输途中受到的损失为原则。

二、屠宰前休息

运到屠宰场的畜禽，到达后不宜马上进行宰杀，须让其在指定的圈舍中休息。宰前休息的目的是缓解畜禽在运输途中的疲劳。由于环境改变、受到惊吓等外界因素的刺激，畜禽易因过度紧张而引起疲劳，使血液循环加速，体温升高，肌肉组织中的毛细血管充满血液，正常的生理机能受到抑制、扰乱或破坏，从而降低机体的抵抗力，故微生物容易侵入血液中，将加速肉的腐败过程，也会影响副产品质量。

三、屠宰前断食和安静

畜禽一般在宰前12～24h断食，断食时间必须适当，其原因主要有以下几点：①临宰前给予充足饲料时，其消化和代谢机能旺盛，肌肉组织的毛细血管中充满血液，屠宰时放血不完全，肉容易腐败。②断食可减少畜禽消化道中的内容物，防止剖腹时胃肠内容物污染胴体，并便于内脏的加工处理。③使畜禽保持安静，便于放血。但断食时间不能过长，否则会降低畜禽的体重和屠宰率。

四、宰前检疫

1. 入场检验

运到屠宰场的畜禽，在未卸车之前，由兽医检验人员向押运员索阅畜禽检疫证件、核对畜禽头数、了解途中病亡等情况，如检疫证上注明产地有传染病疫情及运输途中患病、死亡的很多，则该批畜禽应采取紧急措施，隔离观察，并根据疫病性质，按《屠宰牲畜及肉品卫生检验规程》分别加以处理。经检查核对认为正常时，允许将畜禽卸下车并赶入预检圈休息。同时，兽医检验人员应配合熟练工人逐头（只）观察其外貌、步样、精神状态，如发现异常，应立即隔离，待验收后详细检查，或送往急宰。

2. 送宰前的检验

经过预检的畜禽在饲养圈休息24h后，再测体温，并进行外貌检查，正常的畜禽即可送往屠宰加工车间等候屠宰。对圈内的畜禽进行宰前检验，看有无离群现象，行走是否正常，被毛是否光亮，皮肤有无异状，眼鼻有无分泌物，呼吸是否困难，如有上述病状之一，应挑出圈外检查。一般观察后再逐头（只）测量体温，必要时检查脉搏和呼吸数。当有可疑传染病时，应做细菌学检验。确属健康的畜禽才能送去屠宰。

五、屠宰场的布局及建筑设施卫生管理

屠宰场的
设施及
布局

1. 屠宰场的布局

屠宰加工企业总平面布局应本着既符合卫生要求，又方便生产、利于科学管理的原则。各车间和建筑物的配置应科学合理，既要相互连贯，又要做到病、健隔离，病、健分宰，使原料、成品、副产品及废弃物的转运不致交叉相遇，以免造成污染和扩散疫病病原。

为便于管理及流水作业的卫生要求，整个布局可分为彼此隔离的5个区。

（1）宰前饲养管理区，即储畜（禽）场，包括三圈一室，即预检分类圈、饲养圈、候宰圈、兽医室。此区还应设置装卸台和检疫栏。

（2）生产加工区，包括五间二室一库，即屠宰加工车间、副产品整理车间、分割车间、肉品和副产品加工车间、生化制药车间、卫生检验办公室、化验室、冷库。

（3）病畜（禽）隔离及污水处理区，包括一圈二间一系统，即病畜（禽）隔离圈、急宰车间、化制车间及污水处理系统。

（4）动力区，包括一房两室，即锅炉房、电力室、制冷设备室等。

（5）行政生活区，包括办公室、宿舍、库房、车库、活动中心、食堂等。稍具规模的屠宰加工企业应另辟生活区，且应在生产加工区的下风点。

中小型肉联厂平面布局示意图如图1-1所示。

2. 建筑设施卫生管理

屠宰加工企业的主要部门和系统包括宰前饲养管理区、病畜（禽）隔离圈、候宰圈、屠宰加工车间、分割车间、急宰车间、生化制药车间、供水系统及污水处理系统等。

1）宰前饲养管理区的卫生管理

为了做好屠宰畜禽宰前检疫、宰前休息管理和宰前断食管理工作，对宰前饲养管理区提出卫生管理要求。

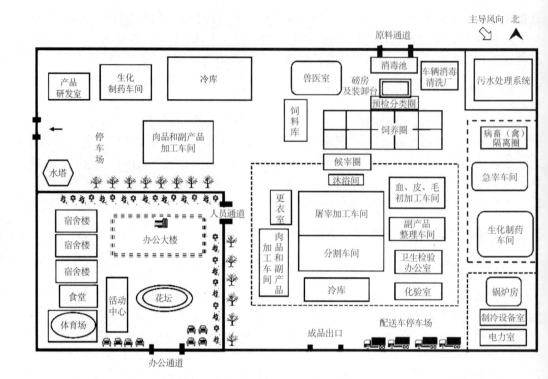

图 1-1　中小型肉联厂平面布局示意图

2）病畜（禽）隔离圈的卫生管理

病畜隔离圈应派专人专职管理，管理人员不得与其他部门人员随意来往。要有更加严格的消毒措施，每天至少全面消毒 1 次，若一天中有多批病畜进入或移出，每次移出后的圈舍都应消毒 1 次。

3）候宰圈的卫生管理

候宰圈应有专人进行卫生管理。每天工作结束时应进行彻底的清洗与消毒。若发现病畜，应随时消毒。应经常对淋浴设施进行检修，保证喷水流畅。

4）屠宰加工车间的卫生管理

屠宰加工车间的卫生管理是整个屠宰加工管理的核心部分，该车间的卫生状况直接影响到产品的质量，因此，屠宰加工车间的卫生管理必须做到制度化、规范化和经常化。

5）分割车间的卫生管理

分割车间的操作人员应勤剪指甲。工作前应洗手和消毒，凡中途离开车间须重新洗手和消毒。进入车间必须穿戴工作衣帽，出车间时应脱去工作衣帽。

6）急宰车间的卫生管理

急宰车间除应遵守屠宰加工车间的卫生操作规程外，还应有一些特殊的卫生要求。

（1）急宰车间的工作人员工作期间不得互相往来，且不得与其他部门人员随意来往。

并应注意个人防护。

（2）凡送往急宰车间的畜禽，需持有兽医开具的急宰证明。凡确诊为烈性传染病的畜禽，一律不得急宰。

（3）胴体、内脏、皮张均应妥善放置，未经检验不得移动。

（4）每次工作完毕后，应进行彻底消毒。

生猪的宰前检疫

一、要点

（1）明了宰前检疫的内容：入场检验和送宰前的检验。

（2）检查的方法：

① 运动时的检查。

② 休息时的检查。

③ 喂食、饮水时的检查。

④ 检温。

二、相关器材

兽用体温计（末端系一条长 10～15cm 的细绳，在细绳的另一端系一个小铁夹）5个、听诊器 1 个。

三、工作过程

1. 入场检验

运到屠宰场的生猪，在未卸车之前，由兽医检验人员向押运员索阅生猪检疫证件，核对生猪头数，了解途中病亡等情况。

2. 送宰前的检验

（1）运动时的检查：通常在装卸时或驱赶过程中进行运动状态的检查，并记录检查结果。

（2）休息时的检查：生猪在车船或圈舍围栏内休息时可作检查，检查内容包括睡的姿态、毛色及呼吸状态等，并记录检查结果。

（3）喂食、饮水时的检查：检查生猪食欲，大口吞咽、食之倾槽而光者为健康猪，反之为病畜或可疑病畜，应剔除再个别检查，并记录检查结果。

（4）检温（以猪为例）：一只手拉住猪尾，另一手持体温计沿稍微偏向背侧的方向插入其肛门内，再用小铁夹夹住猪尾根上方的毛以固定体温计，5～13min 后取出体温计，用酒精棉球将其擦净并迅速读出测量的体温示数，记录检查结果。

四、完成检测记录单

根据检查结果完成宰前检验记录单（表 1-1）。

表 1-1　生猪宰前检验记录单

生产企业名称：

20　年		生猪产地	生猪入场检查					待宰圈号	待宰圈观察时间				宰前检疫结果评定		检疫员签名
月	日		入场时间	生猪数量	产地检疫合格证号	证物相符情况	健康状况		检疫时间1健康状况	检疫时间2健康状况	检疫时间3健康状况	检疫时间4健康状况	是否符合屠宰要求	是否准宰	

课后习题

一、填空题

1. 畜禽一般在宰前_____断食，断食时间必须适当。

2. 畜禽运到屠宰场经兽医检验后，按_____、批次、强弱和健康状况分圈、分群饲养。

3. 宰前休息的目的是缓解畜禽在运输途中的_____。

4. 经过预检的畜禽在饲养圈休息_____后，再测体温，并进行外貌检查，正常的畜禽即可送往屠宰加工车间等候屠宰。

二、判断题

1. 急宰车间除应遵守屠宰加工车间的卫生操作规程外，没有特殊的卫生要求。

（　　）

2. 宰前饲养管理区应自成独立的系统，与生产区相隔离，并保持一定的距离。

（　　）

3. 畜禽的高热，很可能是传染病的反应，也有"应激"反应而引起的无名高热。

（　　）

4. 畜禽在车船或圈舍围栏内休息时，不可作检查。（　　）

5. 所有的屠宰加工企业都必须建有污水处理系统。（　　）

三、简答题

简述畜禽宰前断食的原因。

参考答案

任务二　畜禽的屠宰

任务要求

具体任务

根据教师提供的学习资料和网络教学资源，小组同学自学畜禽的屠宰知识，在教师的指导下完成学习汇报 PPT。制订畜禽的屠宰方案，按照屠宰企业的规范操作，完成对畜禽的屠宰。

任务准备

各组学生分别完成如下准备工作：
（1）根据教师提供的资料和网络教学资源，通过自学方式掌握畜禽屠宰的基础知识。
（2）根据学习资料拟定汇报提纲。
（3）根据教师和同学的建议修改汇报提纲，制作汇报 PPT。
（4）按照汇报提纲进行学习汇报。
（5）根据畜禽屠宰的操作特点，制订生猪屠宰的方案。
（6）根据教师和同学的建议修改生猪屠宰方案。
（7）按照制订的生猪屠宰方案独立完成生猪屠宰过程。

任务目标

（1）能够流利讲解生猪屠宰对肉质的影响。
（2）掌握生猪屠宰生产工艺流程。
（3）掌握生猪屠宰各个工序的操作要点。
（4）熟悉生猪屠宰各个工序的操作要求和合格标准。

各种家畜的屠宰加工工艺过程都包括致昏、刺杀放血、浸烫脱毛或剥皮、剖腹取内脏、肉尸修整、检验盖印等主要程序。虽然家畜种类不同，生产规模、条件和目的不同，其加工程序的繁简、方法和手段有所区别，但是都必须符合安全、卫生的原则，提高生产效率，保证肉品质量，按基本操作规程要求进行。

下面以牛、羊的屠宰加工为例进行介绍。

1. 宰前检疫与管理

牛、羊屠宰前要进行严格的兽医卫生检验，一般要测量体温，并视检皮肤、口、鼻、蹄、肛门、阴道等部位，确定没有传染病者方可屠宰。在屠宰前应停止喂食，断食期间应给以足够的清洁饮水，但宰前 2～4h 应停止喂水。

2. 致昏

致昏主要有锤击致昏和电麻致昏两种。锤击致昏是将牛鼻绳系牢在铁栏上，用铁锤猛击前额（左角至右眼、右角至左眼的交叉点），将其击昏。此法必须准确有力，一锤成功，否则有可能给操作人员带来很大危险。电麻致昏即用带电金属棒直接与牛体接触，将其击昏。此法操作方便，安全可靠，适宜于较大规模的机械化屠宰厂进行倒挂式屠宰。

3. 放血

牛被击昏后，立即进行宰杀放血。将处于昏迷状态的牛的右后脚用钢绳系牢，用提升机将其提起并转挂到轨道滑轮钩上，滑轮沿轨道前进，将牛运往放血池，进行戳刀放血。在距离胸骨前 15～20cm 的颈部，以大约 15°角刺 20～30cm 深，切断颈部大血管，并将刀口扩大，立即将刀抽出，使血液尽快流出。入刀时力求稳妥、准确、迅速。

4. 剥皮、剖腹、整理

1）割牛头、剥头皮
牛被宰杀放净血后，将牛头从颈椎第一关节前割下。有的地方先剥头皮，后割牛头。剥头皮时，从牛角根到牛嘴角为一直线，用刀挑开，把皮剥下。同时割下牛耳，取出牛舌，保留唇、鼻。然后，由卫生检验人员对其进行检验。

2）剥前蹄皮、截前蹄
沿蹄甲下方中线把皮挑开，然后分左右把蹄皮剥离（不割掉），最后从蹄骨上关节处把牛蹄截下。

3）剥后蹄皮、截后蹄
在高轨操作台上的工人同时剥、截后蹄，剥蹄方法同前蹄，但应使蹄骨上部胫骨端的大筋露出，以便着钩吊挂。

4）做脘口、剥臀皮

由两人操作，先从剥开的后蹄皮继续深入臀部两侧及腋下附近，将皮剥离。然后用刀把脘口（直肠）周围的肌肉划开，使脘口缩入腔内。

5）剥腹、胸、肩部的皮

剥腹、胸、肩各部的皮都由两人分左右操作。先从腹部中线把皮挑开，再依胸、肩部的顺序把皮剥离。至此，已完成除腰背部以外的剥皮工作。若是公牛，还要将生殖器（牛鞭）割下。

6）机器拉牛背皮

牛的四肢、臀部、胸、腹、前颈等部位的皮剥完后，遂将吊托的牛体顺轨道推到拉皮机前。牛背向机器，将两只前肘交叉叠好，以钢丝绳套紧。绳的另一端扣在柱脚的铁齿上，再将剥好的两只前腿皮用链条一端拴牢，另一端挂在拉皮机的挂钩上，开动机器，牛皮受到向下的拉力，就被慢慢拉下。拉皮时，操作人员应以刀相辅，做到皮张完整、无破裂，皮上不带膘肉。

7）摘取内脏

摘取内脏包括剥离食道和气管、锯胸骨、开腔等工序。沿颈部中线用刀划开，将食管和气管剥离，用电锯由胸骨正中锯开，出腔时将腹部纵向剖开，取出肚（胃）、肠、脾、食管、膀胱等，再划开横膈肌，取出心、肝、胆、肺和气管。

8）取肾脏、截牛尾

肾脏在牛的腔内腰部，被脂肪包裹，划开脏器膜即可取下。截牛尾时，由于牛尾已在拉皮时一起拉下，只需要将尾部关节用刀截下即可。摘取内脏时，要注意下刀轻巧，不能划破肠、肛、膀胱、胆囊，以免污染肉体。

9）劈半、截牛

摘取内脏之后，要把整个牛体分成四体。先用电锯沿后部盆骨正中开始分锯，把牛体从盆骨、腰椎、胸椎、颈椎正中锯成左右两片。再分别从后数第二、三肋骨之间横向截断，这样整个牛体被分成四大部分，即四分体。

10）修割整理

修割整理一般在劈半后进行，主要是把肉体上的毛、血、零星皮块、粪便等污物和肉上的伤痕、斑点、放血刀口周围的血污修割干净。然后对所有分体进行全面刷洗。

羊的屠宰加工和牛基本相同。吊羊时只需人工套腿，直接用吊羊机吊起，沿轨道移进放血池。羊头也在下刀后割下，但不剥皮，不取舌，对绵羊要加剥肥羊尾一道工序。另外，羊肉完工后成为带骨胴体，开剖整理时不必劈半分截和剔骨。

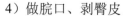

生猪的屠宰

一、要点

（1）明了生猪屠宰的工艺流程。

（2）屠宰过程要求：

① 掌握每道工序的操作要求和技术要点。

② 掌握每道工序的合格标准。

二、相关器材

自动麻电机、不锈钢辊子滑槽、放血池、血泵、提升机、放血输送线、立式洗猪机、冷凝式蒸汽烫毛机、刮毛机、气动卸猪器、取白内脏操作台、取红内脏操作台、劈半操作台。

三、工作过程

1. 淋浴

生猪宰杀前必须进行水洗或淋浴。淋浴的水温，冬季一般应保持在 38℃左右，夏季一般在 20℃左右。淋浴的时间为 3～5min。每次淋浴的生猪应以麻电致昏的速度决定淋浴的批次。其间隔时间要求淋浴后休息 5～10min，但最长时间不应超过 15min。

2. 麻电致昏

麻电时，将生猪赶至狭窄通道，打开铁门让其依次由上滑下。生猪头部触及自动麻电机，倒后滑落在运输带上。

3. 刺杀放血

致昏后的生猪通过吊蹄提升上自动轨道生产线后即进入刺杀放血工作阶段。

1）刺杀部位

进刀的部位：纵向位置在猪的颈正中线及食道左侧 2mm 处，横向位置是颈部第一对肋骨水平线下 3.5～4.5cm 处，这个纵向与横向的交叉点就是进刀放血的部位。

2）刺杀技术

右手持刀，刀尖向上，刀刃与猪体颈部垂直线形成 15°～20° 的角度，倾斜进刀。刺入后刀尖略向右倾斜，然后向下方拖刀，将颈部的动、静脉切断，刀刺入的深度应按猪的品种、肥瘦等情况而定，一般在 15cm 左右。刀不要刺得太深，以免刺入胸腔和心脏，造成淤血。

4. 清洗

在麻电放血之后要进行强制性冲洗。如能使用温水，还会促使猪体残余血液的排出，减少沙门氏菌属的污染概率。

5. 浸烫脱毛

1）浸烫水温与浸烫时间

浸烫水温、浸烫时间与季节、气候、猪品种、猪月龄有关。一般浸烫水温为 62～63℃，浸烫时间为 3～5min。

2）刮毛

刮毛过程中刮毛机的软硬刮片与猪体相互摩擦，将毛刮去。同时向猪体喷淋 35℃ 的温水。刮毛 30～60s 即可。然后由人工将未刮净的部位如耳根、大腿内侧的毛刮去。

6. 剥皮

1）剥皮前的辅助操作

（1）割头、割尾：将洗净的猪体放入割头的传送带，侧卧平放，左侧向上，并使头部超出割头传送带。割尾与割头同时进行。

（2）割前后蹄。

（3）挑裆、挑门圈：挑裆前先要燎毛与刷焦。先用喷灯对猪体的胸腹部及前后肋部进行燎毛，随后进行刷焦，即把烧焦的毛渣刷干净，使挑裆时少受毛的污染。挑裆是指在猪体胸腹腔部正中间，用刀挑破皮肤，直至离肛门 1cm 处。挑门圈就是用刀使皮肤与肛门分离。

2）机器剥皮

目前国内使用的剥皮机主要是立式滚筒剥皮机。无论哪一种剥皮机，都需先进行人工预剥。剥皮后的肉体，必须再次进行接修，以便把肉体上的小皮全部剥除。

7. 剖腹取内脏

煺毛剥皮后剖腹最迟不超过 30min，否则对脏器和肌肉质量均有影响。

8. 劈半

剖腹后，将胴体劈成两半。可采用手工劈半或电锯劈半。手工劈半或手持电锯劈半时应"描脊"，使骨节对开，劈半均匀。采用桥式电锯劈半时，应使轨道、锯片、引进槽成直线，不得锯偏。

劈半后的片猪肉还应立即摘除肾脏，撕断腹腔板油，冲洗血污。

9. 检验、盖印、称重、冷藏或出厂

屠宰后要进行宰后兽医检验。合格者，盖以"兽医验讫"的印章。经过自动称重后入库冷藏或出厂。

四、完成生产记录单

根据任务实施过程完成生产记录单（表 1-2）。

表 1-2　生猪屠宰的生产记录单

任务	生产记录	备注
生猪屠宰工艺流程		
所需设备	所需设备：	
淋浴	淋浴的温度及时间：	
刺杀放血	刺杀的部位及方法：	
清洗	方法：	
浸烫脱毛	水温： 时间：	
剥皮	剥皮前的辅助操作： 机器剥皮方法：	
劈半	劈半的方法：	
检验、盖印、称重	感官指标检验及结果： 微生物指标检验及结果： 称重：	
产品展示、自评及交流	产品照片： 产品评价： 产品改进措施： 产品出品率： 成本核算：	

一、填空题

1．刺杀放血时要注意刀不要刺得太深，以免刺入_____和_____，造成淤血。
2．浸烫脱毛时，一般浸烫水温为_____，时间为_____。
3．禽畜屠宰致昏的常用方法有_____、_____。

二、简答题

简述生猪的屠宰工艺。

参考答案

任务三　畜禽宰后的检验与处理

◎ 具体任务

根据教师提供的学习资料和网络教学资源，学生自学畜禽宰后检验与处理的知识，在教师的指导下完成学习汇报 PPT。制订畜禽宰后检验与处理的方案，按照屠宰企业的规范操作，完成对畜禽宰后的检验与处理。

◎ 任务准备

各组学生分别完成如下准备工作：
（1）根据教师提供的资料和网络教学资源，通过自学方式掌握畜禽宰后检验与处理的基础知识。
（2）根据学习资料拟定汇报提纲。
（3）根据教师和同学的建议修改汇报提纲，制作汇报 PPT。
（4）按照汇报提纲进行学习汇报。
（5）根据畜禽宰后检验与处理的要求，制订畜禽宰后检验与处理的方案。
（6）根据教师和同学的建议修改畜禽宰后检验与处理方案。
（7）按照制订的畜禽宰后检验与处理的方案独立完成检验任务、填写检验报告。

◎ 任务目标

（1）能够流利讲解畜禽宰后检验对原料肉品质的影响。
（2）掌握头部检验、内脏检验和胴体检验的方法和操作要求。
（3）能够进行正确的宰后检验。

一、家畜淋巴结的分布

1. 淋巴结

淋巴结为大小不同（2～50mm）、形状各异（圆形、长形、扁形）的致密结构，呈灰色或淡蔷薇色。淋巴结通常群集在一处，埋藏在脂肪中，由疏松结缔组织包着。在反刍类畜肉中，淋巴结数量少而体积大。在家禽中没有淋巴结，只有网状淋巴管连接点的淋巴丛。

在生产肉类制品时要求将胴体各部位上的所有淋巴结切除，因为食用这种积有大量细菌的淋巴结肉对人体健康有害，严重时还会致人死亡。

2. 常见的淋巴结分布

肉类加工时切除的淋巴结主要是分布在胴体上的浅淋巴结，大多数深淋巴结在体腔内和内脏连接在一起，在切除内脏时一起被切除。

猪的常见淋巴结分布如图 1-2 所示。

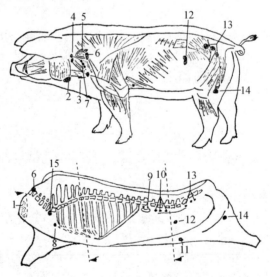

1—槽头淋巴群集结区；2—下颌淋巴结；3—下颌副淋巴结；4—咽喉外侧淋巴结；5—咽喉内侧淋巴结；
6—肩前淋巴结（颈浅背侧淋巴结）；7—颈浅腹侧淋巴结；8—胸骨前淋巴结；9—肾淋巴结；10—腰旁淋巴结；
11—腹股浅淋巴结；12—股前淋巴结；13—荐外淋巴结；14—腘淋巴结；15—颈深后淋巴结。

图 1-2　猪的常见淋巴结分布

牛的常见淋巴结分布如图 1-3 所示。

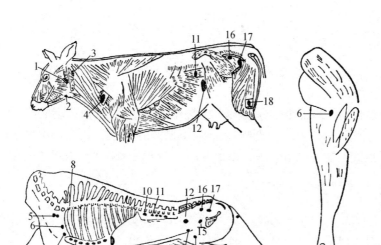

1—腮腺淋巴结；2—下颌淋巴结；3—咽后淋巴结；4—肩前淋巴结；5—颈深后淋巴结（胸前淋巴结）；6—腋淋巴结；

7—胸骨前淋巴结；8—肋间淋巴结；9—腹纵膈膜淋巴结；10—肾淋巴结；11—腰旁淋巴结；12—股前外淋巴结；

13—股前内淋巴结；14—腹浅淋巴结；15—腹深淋巴结；16—荐外淋巴结；17—坐骨淋巴结；18—腘淋巴结。

图 1-3　牛的常见淋巴结分布

　　山羊的浅淋巴结分布如图 1-4 所示。

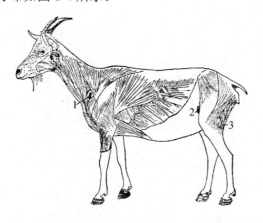

1—肩前淋巴结；2—股前淋巴结；3—腘淋巴结。

图 1-4　山羊的浅淋巴结分布

二、异常畜肉的鉴别

1. 注水畜肉的鉴别

（1）感官检验：若瘦肉部分颜色呈淡红色且泛白，有光泽，有水慢慢地从畜肉中渗出，则为注水肉，若肉注水过多，水会从瘦肉上往下滴。未注水的畜肉瘦肉部分颜色鲜红。

（2）手摸检验：用手摸瘦肉不粘手，则怀疑为注水肉。未注水的，用手摸瘦肉粘手。

（3）纸贴检验：用卫生纸或吸水纸贴在肉的断面上，注水肉上的卫生纸或吸水纸吸水速度快，黏着度和拉力均比较小。另外，将纸贴于肉的断面上，用手压紧，片刻后揭下，用火柴点燃，如有明火，说明纸上有油，肉未注水，否则有注水之嫌。

2. 瘟猪、牛、羊肉的鉴别

（1）看出血点：以猪肉为例，猪皮上有出血点或出血性斑块；去皮猪肉的脂肪、腱膜或内脏上有出血点，都说明是瘟猪肉。

（2）看骨髓：以猪肉为例，正常的猪骨髓应为红色；若骨髓是黑色的，说明是瘟猪肉。

3. 判定结果及处理

判定结果包括：①适于食用的肉尸；②冷冻处理肉尸；③产酸处理；④盐腌处理；⑤高温处理；⑥炼制食用油；⑦炼制工业油；销毁。

经检验后的产品，应加盖特定的印戳，如图 1-5 所示。

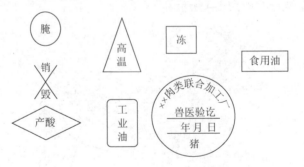

图 1-5 检验后对产品处理用印戳

生猪的宰后检验

一、要点

明了生猪宰后检验的一般内容：头部检验、内脏检验和胴体检验。

二、相关器材

尖刀、钩子、载玻片、显微镜、天平、剪刀、镊子。

三、工作过程

1. 头部检验

（1）颌下淋巴结的检查：钩住切口左壁的中间部分，沿放血孔纵向切开下颌区，直到颌骨高峰区，剖检两侧颌下淋巴结，视检有无肿大、坏死灶，切面是否呈砖红色，周围有无水肿、胶样浸润等。

（2）咬肌检查：在两侧咬肌与下颌骨平行方向切开咬肌，充分暴露剖面，检查有无猪囊虫。

2. 内脏检验

（1）心脏检查：视检心包，切开心包膜，检查有无变性、心包积液、淤血、出血、坏死等症状。在与左纵沟平行的心脏后缘房室分界处纵剖心脏，检查心内膜、心肌、二尖瓣及有无虎斑心、菜花样赘生物、寄生虫。

（2）肺脏检查：视检肺脏形状、大小、色泽，触检弹性，检查肺实质有无坏死、萎陷、气肿、水肿、淤血、脓肿、实变、结节、纤维素性渗出物等。剖开一侧支气管淋巴结，检查有无出血、淤血、肿胀、坏死等。

（3）肝脏检查：视检肝脏形状、大小、色泽，触检弹性，观察有无淤血、肿胀、变性、黄染、坏死、硬化、结节、纤维素性渗出物、寄生虫等病变。剖开肝门淋巴结，检查有无出血、淤血、肿胀、坏死等。

（4）脾脏检查：视检脾脏形状、大小、色泽，触检弹性，检查有无肿胀、淤血、坏死、边缘出血性梗死、被膜隆起及粘连等。

（5）胃和肠检查：视检胃肠浆膜，观察色泽、质地，检查有无淤血、出血、坏死、胶冻样渗出物和粘连。扇形展开肠系膜，对肠系膜淋巴结做长度不少于20cm的弧形切口，检查有无淤血、出血、坏死、溃疡等病变。

3. 胴体检验

（1）胴体：检查皮肤、皮下组织、脂肪、肌肉、骨骼，以及胸腔、腹腔浆膜有无淤血、出血、疹块、黄染、脓肿和其他异常变化等。

（2）腹股沟浅淋巴结检查：位于最后一个乳头平位或稍后上方（肉尸倒挂）的皮下脂肪中间，剖开腹部底壁皮下、后肢内侧、腹股沟皮下环附近的两侧腹股沟浅淋巴结，检查有无淤血、水肿、出血、坏死、增生等病变。

（3）腰肌检验：沿荐椎与腰椎结合部两侧肌纤维方向切开10cm左右切口，检查有无猪囊虫。

（4）肾脏检查：钩住肾盂部，沿肾脏边缘轻轻划开肾被膜，转动钩子，剥离肾被膜，视检肾脏形状、大小、色泽，触检质地，观察有无贫血、出血、淤血、肿胀等病变。

四、完成生产记录单

根据任务实施过程完成生产记录单（表1-3）。

表1-3 生猪宰后检验的生产记录单

任务	生产记录	备注
头部检验流程		
头部检验方法		
内脏检验流程		
内脏检验方法		
胴体检验流程		
胴体检验方法		

课后
习题

一、填空题

1. 淋巴结是淋巴进入血管的必经之处，具有_____、外来物质和杂质的功能。

2. 注水畜肉的鉴别可以使用感官检验、_____和_____等方法。

二、判断题

1. 猪皮上有出血点或出血性斑块；去皮猪肉的脂肪、腱膜或内脏上有出血点，都说明是米猪肉。 （   ）

2. 若瘦肉淡红色带白，有光泽，有水慢慢地从畜肉中渗出，则为注水肉。
（　　）

3. 肉类加工时切除的淋巴结，主要是分布在胴体上的浅淋巴结。　　（　　）

4. 在生产肉类制品时要求将胴体各部位上的所有淋巴结切除，因为食用这种积有大量细菌的淋巴结肉有害于人体健康，严重时还会致人死亡。　　（　　）

5. 母猪肉皮质光滑，较细腻，毛孔较小。　　　　　　　　　　　（　　）

三、简答题

试述畜禽宰后检验的方法。

参考答案

任务四　畜禽的分割及分割肉加工

任务要求

🎯 具体任务

根据教师提供的学习资料和网络教学资源，小组同学自学畜禽的分割及分割肉加工的基础知识，在教师的指导下完成学习汇报 PPT。制订畜禽的分割及分割肉加工的方案，按照屠宰企业的规范操作，完成对畜禽的分割及分割肉加工。

🎯 任务准备

各组学生分别完成如下准备工作：

（1）根据教师提供的资料和网络教学资源，通过自学方式掌握畜禽的分割及分割肉加工的基础知识。

（2）根据学习资料拟定汇报提纲。

（3）根据教师和同学的建议修改汇报提纲，制作汇报 PPT。

（4）按照汇报提纲进行学习汇报。

（5）根据畜禽的分割及分割肉加工工作要点，制订畜禽的分割及分割肉加工方案。

（6）根据教师和同学的建议修改畜禽的分割及分割肉加工方案。

（7）按照制订的畜禽的分割及分割肉加工方案独立完成检验任务、填写检验报告。

🎯 任务目标

（1）能够流利讲解畜禽的分割及分割肉加工与肉制品加工的关系。

（2）掌握腿部分割、胸部分割和副产品分割的方法和操作要求。

（3）能够正确填写并提交检验报告。

一、牛胴体的分割

牛胴体分割是牛肉处理和加工的重要环节，也是提高牛肉商品价值的重要手段。现对我国、美国和日本的牛胴体分割方法进行介绍。

1. 我国牛胴体的分割方法

我国牛胴体分割方法中规定，标准胴体的产生过程包括活牛屠宰后放血，剥皮，去头、蹄、内脏和胴体修整等步骤。

胴体修整的具体步骤如下。

（1）在枕骨与第一颈椎间垂直切过颈部肉，将头去除。

（2）在腕骨与膝关节间及跗骨与跗关节间切开，去除前、后蹄。

（3）在荐椎和尾椎连接处切开，去掉尾。

（4）贴近胸壁和腹壁，将结缔组织膜分离去除。

（5）去除肾脏、肾脏脂肪及盆腔脂肪。

（6）去除乳腺、睾丸、阴茎及腹部的外部脂肪，包括腹脂、阴囊和乳腺脂肪。

标准的牛胴体二分体大体上分成臀腿肉、腹部肉、腰部肉、胸部肉、肋部肉、肩颈肉、前腿肉共 7 个部分。在部位肉的基础上可进行进一步的分割，最终将牛胴体分割成 13 块不同的零售肉块，即里脊、外脊、眼肉、上脑、胸肉、嫩肩肉、腱子肉、腰肉、臀肉、大米龙、小米龙、膝圆、腹肉。

2. 美国牛胴体的分割方法

美国牛胴体的分割方法中，将胴体分成前腿肉、肩部肉、前胸肉、胸肋、肩肋肉、前腰肉、腹肋肉、后腰、后腿肉等部位。其零售切割方式是在批发部位的基础上进行再分割而得到零售分割肉块。

3. 日本牛胴体的分割方法

日本牛胴体的分割方法中，将胴体分为颈部、腕部、肩部牛排、肋排、背脊牛排、腹肋部、肩胸部、腰大肌、大腿里、大腿外及颈部等肉块。

二、猪的分割及分割肉加工

猪的胴体分割方法在不同国家有所不同。我国商业上通常分为肩颈部、背腰部、臀腿部、肋腹部、前臂和小腿五大部分。如图1-6所示。

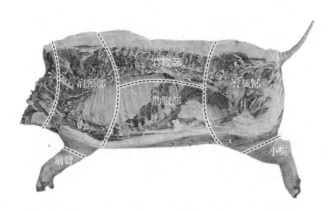

图 1-6　猪肉分割示意图

1. 肩颈部

前端从第一颈椎，后端从第五、第六肋骨间与背线垂直切开，下端如做火腿则从肘关节处切开。这部分肉包括颈、背脊和前腿肉，瘦肉多，肌肉间结缔组织多，适于做馅料、罐头、灌肠制品和叉烧肉。

2. 背腰部

前端从第五、第六肋骨间，后端从最后腰椎与荐椎间垂直切开，在脊椎下 5~6cm 肋骨处平行切下的脊背部分。这块肉主要由通脊肉和其上部一层背膘构成。通脊肉是较嫩的一块优质瘦肉，是做培根和烤通脊肉的好原料，背膘较硬，不易被氧化，是用作灌肠的上等原料。

3. 臀腿部

臀腿部俗称后腿、后丘、后肩肉。从最后腰椎与荐椎间垂直切下并除去后肘的部分。后腿肉瘦肉多，脂肪和结缔组织少，用途广，是中式火腿、西式火腿、肉松、肉脯、灌肠制品的上等原料。

4. 肋腹部

肋腹部俗称五花、软肋，是与背腰部分离，切去奶脯的一块方形肉块。这块肉脂肪和瘦肉互相间层，是加工酱肉、酱汁肉、走油肉、咸肉、腊肉和西式培根的原料。

5. 前臂和小腿

前臂和小腿俗称肘子、蹄膀，前臂上从肘关节，下从腕关节切断，小腿是上从膝关节，下从跗关节切断。

任务
实施

鸡的分割及分割肉加工

一、要点

鸡的分割及分割肉加工包括腿部分割、胸部分割和副产品分割。

二、相关器材

刀具（尖刀、方刀、弯头刀、直刀等）、刀棍、磨石、台秤、冰箱或冰柜、不锈钢盆、不锈钢桶、塑料袋等。

三、工作过程

通常将肉鸡大体上分割为腿部、胸部、副产品（翅、爪及内脏）3 个部分。

（1）腿部分割：将脱毛光鸡两腿的腹股沟的皮肉割开，用两手把左右腿向脊背拽，把背皮划开。再用刀将骨边的肉切开，用刀口后部切压闭孔，左手用力将鸡腿肉反拉开即成。

（2）胸部分割：依颈前面正中线，从咽颌到后颈椎切开左边颈皮，并切开左肩胛骨，用同样的方法切开右边颈皮和右肩胛骨，左手握住鸡颈骨，右手食指插入胸腔，并向相反方向拉开即成。

（3）副产品分割。

① 鸡翅：切开肱骨和喙骨的连接处，即成三节鸡翅。

② 鸡爪：用剪刀或刀切断胫骨与腓骨的连接处。

③ 心肝：从嗉囊起把肝脏、心脏、肠分割后再摘除心脏、肝脏。

④ 肫：切开肫门，剥去肫的内金皮，不残留黄色。

四、完成生产记录单

根据任务实施过程完成生产记录单（表 1-4）。

表 1-4　肉鸡分割的生产记录单

任务	生产记录	备注
肉鸡分割工艺流程		
所需器材	所需器材：	

续表

任务	生产记录	备注
腿部分割	腿部分割方法：	
胸部分割	胸部分割方法：	
副产品分割	副产品分割方法：	
产品展示、自评及交流	产品照片： 产品评价： 产品改进措施： 产品出品率： 成本核算：	

课后习题

一、填空题

1. 我国供市场零售的猪胴体分为_____、_____、臀腿部、肋腹部、前后肘子、前颈部及修整下来的腹肋部 6 个部位。

2. 供内、外销的猪胴体分为_____、前腿肌肉、脊背肌肉、臀腿肌肉 4 个部位。

3. 通常将肉鸡大体上分割为_____、胸部、副产品 3 个部分。

二、判断题

1. 大排下部割去奶脯的一块方形肉块为颈肩肉。　　　　　　　（　　）

2. 鸡翅的分割为切开肱骨和喙骨的连接处，即成三节鸡翅。　（　　）

3. 我国以前按肥膘厚度分级，现已不采用。　　　　　　　　　（　　）

参考答案

项目二 原料肉加工前检验

情境导入

某肉制品生产企业刚刚采购了一批原料肉，准备进行生产加工。在接收的过程中，检验人员认为这批原料肉可能存在质量问题，不能用于加工，而采购人员认为这批肉刚刚从屠宰场运来，并且具有检疫部门出具的检疫证明，不会存在问题。那么这批肉是否能用于生产？原料肉在加工之前要经过哪些检验？生产人员要了解原料肉的哪些知识呢？

任务一 原料肉的感官检验

任务要求

◎ 具体任务

根据教师提供的学习资料和网络教学资源，小组同学自学原料肉感官检验的基础知识，在教师的指导下完成学习汇报 PPT。制订原料肉感官检验的方案，按照肉制品生产企业的规范操作，完成对原料肉的感官检验。

◎ 任务准备

各组学生分别完成如下准备工作：

（1）根据教师提供的资料和网络教学资源，通过自学方式掌握原料肉感官检验的基础知识。

（2）根据学习资料拟定汇报提纲。

（3）根据教师和同学的建议修改汇报提纲，制作汇报 PPT。

（4）按照汇报提纲进行学习汇报。

（5）根据原料肉组织结构的特点，制订原料肉感官检验的方案。

（6）根据教师和同学的建议修改原料肉感官检验的方案。

（7）按照制订的原料肉感官检验的方案独立完成检验任务、填写评定记录单。

🎯 任务目标

（1）能够流利讲解原料肉的组织结构与肉制品加工的关系。

（2）掌握畜禽宰后肉的变化过程，以及在肉品工业生产中控制尸僵、促进成熟、防止腐败的方法。

（3）能够通过原料肉的色泽判断原料肉的新鲜度。

（4）能够通过原料肉的组织状态判断原料肉的新鲜度。

（5）能够通过原料肉的气味判断原料肉的新鲜度。

（6）能够根据各项感官指标判断原料肉的新鲜状态。

（7）能够正确填写并提交检验报告。

知识准备

我们通常所说的"肉"，是指动物体的可食部分，不仅包括动物的肌肉组织，而且包括心、肝、肾、肠、脑等器官在内的所有可食部分。由于世界各国的动物品种来源及食用习惯不同，食用动物的品种也有一定的差异，不过大多数国家和地区的肉类来源主要包括牛、猪、羊、鸡、鱼等。由于鱼类是水产品的一个大类别，所以一般把它归为水产品类。因此，这里所指的肉主要指牛肉、猪肉、羊肉、鸡肉等品种。

在肉品工业中，按其加工利用价值，把肉理解为胴体，即畜禽经屠宰后除去毛（皮）、头、蹄、尾、血液、内脏后的肉尸，俗称白条肉，它包括肌肉组织、脂肪组织、结缔组织和骨组织。肌肉组织是针对骨骼肌而言的，俗称瘦肉或精肉。胴体因带骨又称为带骨肉，肉剔骨以后又称其为净肉。胴体以外的部分统称为副产品，如胃、肠、心、肝等称为脏器，俗称下水。脂肪组织中的皮下脂肪称为肥肉，俗称肥膘。

在肉品生产中，把刚宰后不久的肉称为鲜肉；经过一段时间的冷处理，使肉保持低温而不冻结的肉称为冷却肉；经低温冻结后的肉则称为冷冻肉；按不同部位分割包装的肉称为分割肉；将肉经过进一步的加工处理生产出来的产品称为肉制品。

根据某种标准，利用某些设备和技术将原料肉制成半成品或可食用的产品，这个过程称为肉制品加工。

一、肉的组织结构

肉（胴体）由肌肉组织、脂肪组织、结缔组织和骨组织四大部分构成。这些组织的结构、性质直接影响肉品的质量、加工用途及其商品价值。

1. 肌肉组织

肌肉组织可分为骨骼肌、平滑肌、心肌3种，是肉的主要组成部分。肉制品加工中的肉主要指的是骨骼肌，其占胴体的50%~60%，具有较高的食用价值和商品价值。

1）肌肉组织的宏观结构

肌肉由许多肌纤维和少量结缔组织、脂肪组织、腱、血管、神经、淋巴等组成。从组织学看，肌肉组织由丝状的肌纤维集合而成，每50～150根肌纤维由一层薄膜包围形成初级肌束；再由数十个初级肌束集结并被稍厚的膜所包围，形成次级肌束；由数个次级肌束集结，外表包着较厚膜，构成了肌肉。

2）肌肉组织的微观结构

构成肌肉的基本单位是肌纤维，也称为肌细胞。肌纤维由肌原纤维、肌浆、细胞核和肌鞘构成。

肌原纤维是肌纤维的主要组成部分，直径为 0.5～3.0μm。肌肉的收缩和伸长是由肌原纤维的收缩和伸长所致。

肌浆是充满于肌原纤维之间的胶体溶液，呈红色，含有大量的肌溶蛋白质和参与糖代谢的多种酶类。此外，还含有肌红蛋白。由于肌肉的功能不同，在肌浆中肌红蛋白的数量不同，这就使不同部位的肌肉颜色深浅不一。

2. 脂肪组织

脂肪组织是肉中仅次于肌肉组织的第二个重要组成部分，其成分为：脂肪占绝大部分，其次为水分、蛋白质，以及少量的酶、色素和维生素等。脂肪组织具有较高的食用价值，对于改善肉质、提高风味均有影响。

脂肪的构造单位是脂肪细胞，脂肪细胞或单个或成群地借助于疏松结缔组织连在一起。细胞中心充满脂肪滴，细胞核被挤到周边。脂肪细胞外层有一层膜，膜由胶状的原生质构成，细胞核即位于原生质中。脂肪细胞是动物体内最大的细胞，直径为 30～120μm，最大者可达 250μm。脂肪细胞越大，里面的脂肪滴越多，因而出油率也越高。脂肪细胞的大小与畜禽的肥育程度及不同部位有关。例如，牛肾周围脂肪细胞的直径，肥育牛为90μm，瘦牛为50μm；猪脂肪细胞的直径，皮下脂肪为152μm，而腹腔脂肪为100μm。脂肪在体内的蓄积，依动物种类、品种、年龄、肥育程度不同而异：猪多蓄积在皮下、肾周围及大网膜；羊多蓄积在尾根、肋间；牛主要蓄积在肌肉内；鸡蓄积在皮下、腹腔及肠胃周围。脂肪蓄积在肌束内最为理想，这样的肉呈大理石样，肉质较好。脂肪在活体组织内起着保护组织器官和提供能量的作用，在肉中脂肪是风味的前体物质之一。

3. 结缔组织

结缔组织是肉的次要组成成分，在动物体内对各器官组织起到支持和连接作用，使肌肉保持一定弹性和硬度。结缔组织由细胞、纤维和无定形的基质组成。细胞围成纤维细胞，存在于纤维中间；纤维由蛋白质分子聚合而成，可分为胶原纤维、弹性纤维和网状纤维 3 种。

1）胶原纤维

胶原纤维呈白色，故称白纤维。纤维呈波纹状，分散于基质内。纤维长度不定，粗细不等，直径为 1~12μm，有韧性及弹性，每条纤维由更细的胶原纤维组成。胶原纤维主要由胶原蛋白组成，是肌腱、皮肤、软骨等组织的主要成分，在沸水或弱酸中变成明胶；易被酸性胃液消化，而不被碱性胰液消化。

2）弹性纤维

弹性纤维色黄，故又称黄纤维。纤维有弹性，因粗细不同而有分支，直径为 0.2~12μm。弹性纤维在沸水、弱酸或弱碱中不溶解，但可被胃液和胰液消化。弹性纤维的主要化学成分为弹性蛋白，在血管壁、项韧带等组织中含量较高。

3）网状纤维

网状纤维主要分布于疏松结缔组织与其他组织的交界处，如在上皮组织的膜中、脂肪组织、毛细血管周围均可见到极细致的网状纤维，其在基质中很容易附着较多的黏多糖蛋白，可被硝酸银染成黑色，其主要成分是网状蛋白。

结缔组织的含量取决于年龄、性别、营养状况及运动等因素。老龄畜、公畜、消瘦及使役的动物，其结缔组织含量高；同一动物不同部位也不同，一般来讲，前躯由于支持沉重的头部而结缔组织较后躯发达，下躯较上躯发达。

结缔组织为非全价蛋白，不易被消化吸收，能增加肉的硬度，降低肉的食用价值，可以用来加工胶冻类食品。牛肉结缔组织的吸收率为 25%，而肌肉的吸收率为 69%。由于各部位肌肉的结缔组织含量不同，其硬度不同，剪切力也不同。

肌肉中的肌外膜由含胶原纤维的致密结缔组织和疏松结缔组织组成，还伴有一定量的弹性纤维。背最长肌、腰大肌、腰小肌中胶原纤维、弹性纤维都不发达，肉质较嫩；半腱肌中胶原纤维、弹性纤维都较发达，肉质较硬；股二头肌外侧弹性纤维发达，而内侧不发达；颈部肌肉胶原纤维多，而弹性纤维少。肉质的硬度不仅取决于结缔组织的含量，还与结缔组织的性质有关。老龄家畜的胶原蛋白分子交联程度高，肉质硬。此外，弹性纤维含量高，肉质就硬。

4. 骨组织

骨组织是肉的次要部分，食用价值和商品价值较低，在运输和储藏时要消耗一定的能源。成年动物骨骼的含量比较恒定，变动幅度较小。猪骨占胴体的 5%~9%，牛骨占胴体的 15%~20%，羊骨占胴体的 8%~17%，兔骨占胴体的 12%~15%，鸡骨占胴体的 8%~17%。

骨由骨膜、骨质和骨髓构成，骨膜是由结缔组织构成的包围在骨骼表面的一层硬膜，里面有神经、血管。骨骼根据构造的致密程度分为密质骨和松质骨，骨的外层比较致密坚硬，内层较为疏松多孔。骨骼按形状又分为管状骨和扁平骨，管状骨密致层厚，扁平骨密致层薄。在管状骨的管骨腔及其他骨的松质层空隙内充满骨髓。其中无机质的成分主要是钙和磷。

将骨骼粉碎可以制成骨粉，作为饲料添加剂。此外，还可熬出骨油和骨胶。将骨骼用超微粒粉碎机制成骨泥，它是肉制品的良好添加剂，也可用来制作其他食品以补充钙和磷。

二、感官检验的要点

感官检验在肉品加工选择原料方面有重要的作用。感官检验主要从以下几个方面进行：①视觉，肉的组织状态、粗嫩、黏滑、干湿、色泽等；②嗅觉，气味的有无、强弱、是否有腥味等；③味觉，滋味的鲜美、香甜、苦涩、酸臭等；④触觉，坚实、松弛、弹性、拉力等；⑤听觉，检查冻肉、罐头的声音的清脆、沉闷及虚实等。

1. 新鲜肉

外观、色泽、气味都正常，肉表面有稍带干燥的"皮膜"，呈浅玫瑰色或淡红色；切面稍带潮湿而无黏性，并具有各种动物肉特有的光泽；肉汁透明，肉质紧密，富有弹性；用手指按压后凹陷处立即复原；无酸臭味而带有鲜肉的自然香味；骨骼内部充满骨髓并有弹性，带黄色，骨髓与骨的折断处相齐；骨的折断处发光；腱紧密而具有弹性，关节表面平坦而发光，其渗出液透明。

2. 陈旧肉

陈旧肉表面有时带有黏液，有时很干燥，表面与切口处都比鲜肉发暗，切口潮湿而有黏性。如在切口处盖一张吸水纸，会留下许多水迹。肉汁浑浊无香味，肉质松软，弹性小，用手指按压后，凹陷处不能立即复原，有时肉的表面发生腐败现象，稍有酸霉味，但深层还没有腐败的气味。

陈旧肉密闭煮沸后有异味，肉汤浑浊不清，汤的表面油滴细小，有时带腐败味。骨髓比新鲜肉软一些，无光泽，带暗白色或灰色，腱柔软，呈灰白色或淡灰色，关节表面为黏液所覆盖，其液浑浊。

3. 腐败肉

腐败肉表面有时干燥，有时非常潮湿而带黏性。通常在肉的表面和切口有霉点，呈灰白色或淡绿色，肉质松软，无弹力，用手指按压后，凹陷处不能复原，不仅表面有腐败现象，在肉的深层也有浓厚的酸败味。

腐败肉密闭煮沸后，有一股难闻的臭味，肉汤呈污秽状，表面有絮片，汤的表面几乎没有油滴。骨髓软弱，无弹性，颜色暗黑，腱潮湿呈灰色，为黏液所覆盖。关节表面被黏液深深覆盖，呈血浆状。

原料肉感官评定

一、要点

（1）明了原料肉感官检测的指标包括色泽、组织状态、粘手度、气味、弹性及煮沸后肉汤的清亮程度、脂肪滴的大小。

（2）原料肉的抽样规则：

① 组批：同一班次、同一品种、同一规格的产品为一批。

② 抽样：按表 2-1 抽取样本，在全批货物堆垛的不同方位抽取所需检验量，其余样本原封不动。

表 2-1　抽样数量及判定规则

批量范围/箱	样本数量/箱	合格判定数	不合格判定数
小于 1200	5	0	1
1200～2500	8	1	2
大于 2500	13	2	3

注：合格判定数是指批合格样本中所允许的最大不合格数。不合格判定数是指批不合格样本中所不允许的最小不合格数。

③ 从抽样的每箱产品中抽取 2kg 试样，用于检验煮沸肉汤和挥发性盐基氮，其余部分按箱进行感官检验和等级评定。

二、相关器材

电炉 1 台、石棉网 1 个、小尖刀 1 把、天平 1 台、表面皿 1 个、剪肉刀 1 把、温度计 1 支、100ml 量筒 1 个、100ml 烧杯 1 个。

三、工作过程

（1）自然光线下，观察肉的表面及脂肪色泽，以及有无污染附着物，用刀顺肌纤维方向切开，观察断面的颜色。

（2）常温下嗅其气味。

（3）食指按压肉的表面，观察弹性情况，看指压凹陷恢复情况、表面干湿情况及是否发黏。

（4）称取 20g 绞碎的试样，置于 100ml 烧杯中，加 20ml 水，用表面皿盖上加热至 50～60℃，开盖检查气味，继续加热煮沸 20～30min，检查肉汤的气味、滋味和透明度，以及脂肪的气味和脂肪滴的情况。

（5）按照国家标准（表 2-2）进行评定。

原料肉色泽的判定

原料肉气味的检验

表 2-2　鲜猪肉感官指标

项目	一级鲜度	二级鲜度
色泽	肌肉有光泽，红色均匀，脂肪洁白	肌肉色稍暗，脂肪缺乏光泽
粘手度	外表微干或微湿润，不粘手	外表干燥或粘手，新切面湿润
弹性	指压后的凹陷立即恢复	指压后的凹陷恢复慢且不能完全恢复
气味	具有鲜猪肉正常气味	稍有氨味或酸味
煮沸后肉汤	透明澄清，脂肪团聚于表面，具有香味	稍有浑浊，脂肪呈小滴浮于表面，无鲜味

四、完成检测评定记录单

根据所学知识进行原料肉的感官检测，并完成评定记录单（表 2-3）。

表 2-3　原料肉感官检测评定记录单

任务	检测记录	备注
知识掌握	小组制作的 PPT 汇报提纲： 根据重点知识编写考题：	
检测方案的制订	检测器具： 检测指标： 检测过程：	
检测结果	色泽： 组织状态： 气味：	

一、填空题

1．在肉品工业中，按其加工利用价值，把肉理解为_____，即畜禽经屠宰后除去毛（皮）、头、蹄、尾、血液、内脏后的肉尸，俗称_____。

2．肌肉组织是针对骨骼肌而言的，俗称瘦肉或_____，胴体因带骨又称为带骨肉，肉剔骨以后又称其为_____。

3．胴体以外的部分统称为副产品，如胃、肠、心、肝等称为脏器，俗称_____。

4．脂肪组织中的皮下脂肪称为肥肉，俗称_____。

5．肌肉组织在组织学上可以分为 3 类，即骨骼肌、_____和_____，从数量上讲骨骼肌占绝大多数。

6．家禽、家畜的胴体，从肉品加工的角度，根据其含量可以分为_____、结缔组织、脂肪组织和骨骼组织四大类。

二、单项选择题

1．构成猪胴体的瘦肉的主要组织是（　　）。

A．骨骼肌组织　　　　　　　　B．平滑肌组织

C．心肌组织　　　　　　　　　D．神经组织

2．用于猪脂肪生产的主要组织是（　　）。

A．肌肉组织　　　B．脂肪组织　　　C．结缔组织　　　D．骨组织

3．用于猪骨粉生产的主要组织是（　　）。

A．肌肉组织　　　B．脂肪组织　　　C．结缔组织　　　D．骨组织

4．在肉制品加工中，用于生产成香肠的组织主要是（　　）。

A．骨骼组织　　　B．结缔组织　　　C．肌肉组织　　　D．脂肪组织

三、多项选择题

1．从肉类加工的角度将猪胴体分为（　　）。

A．肌肉组织　　　B．结缔组织　　　C．脂肪组织

D．骨骼组织　　　E．神经组织

2．肌肉中的蛋白质约占 20%，从结构上可以分为 3 类，它们是（　　）。

A．肌原纤维蛋白　　B．肌浆蛋白　　　C．结缔组织蛋白

D．胶原蛋白　　　　E．血浆蛋白

参考答案

任务二　原料肉的品质评定

任务要求

◎ 具体任务

根据教师提供的学习资料和网络教学资源，小组同学自学原料肉品质评定的基础知识，在教师的指导下完成学习汇报 PPT。制订原料肉品质评定的方案，按照肉制品生产企业的规范操作，完成对原料肉的品质评定。

◎ 任务准备

各组学生分别完成如下准备工作：

（1）根据教师提供的学习资料和网络教学资源，通过自学方式掌握原料肉的食品品质及特性。

（2）根据学习资料拟定汇报提纲。

（3）根据教师和同学的建议修改汇报提纲，制作汇报 PPT。

（4）按照汇报提纲进行学习汇报。

（5）根据原料肉的品质特性，制订原料肉品质评定的方案。

（6）根据教师和同学的建议修改原料肉品质评定的方案。

（7）按照制订的原料肉品质评定的方案独立完成检验任务、填写评定记录单。

◎ 任务目标

（1）能够流利讲解原料肉食用品质的指标及各指标与肉制品加工的关系。

（2）能够通过原料肉的肉色对其品质进行评价。

（3）能够通过检测原料肉的 pH 对其品质进行评价。

（4）能够通过对原料肉的保水性进行测定，确定原料肉的品质。

（5）能够通过主观评定和客观评定的方法，对原料肉的嫩度进行判定。

（6）能够利用大理石纹评分标准对原料肉的大理石纹特性进行判定。

（7）能够对原料肉的熟肉率进行测定并评价其品质。

知识准备

肉的食用品质及物理性状主要指肉的色泽、气味、嫩度、保水性、pH、比热容等。这些性质在肉的加工储藏中直接影响肉的品质。

一、色泽

肉的颜色对肉的营养价值并无直接影响，但在某种程度上影响食欲和商品价值。如果是微生物引起的色泽变化，则影响肉的卫生质量。

1. 形成肉色的物质

肉的颜色本质上是由肌红蛋白（Mb）和血红蛋白（Hb）产生的。肌红蛋白为肉自身的色素蛋白，肉色的深浅与其含量有关。血红蛋白存在于血液中，对肉颜色的影响视放血是否充分而定。若肉中血液残留多，则血红蛋白含量也多，肉色深。放血充分，则肉色正常；放血不充分或不放血（冷宰），则肉色深且暗。

2. 肌红蛋白的变化

肌红蛋白本身为紫红色，与氧结合可生成氧合肌红蛋白，为鲜红色，是新鲜肉的象征。肌红蛋白和氧合肌红蛋白均可以被氧化生成高铁肌红蛋白，呈褐色，使肉色变暗。肌红蛋白与亚硝酸盐反应可生成亚硝基肌红蛋白，呈亮红色，是腌肉加热后的典型色泽。

3. 影响肌肉颜色变化的因素

（1）环境中的氧含量：环境中氧的含量决定了肌红蛋白是形成氧合肌红蛋白还是高铁肌红蛋白，从而直接影响肉的颜色。氧对肉色变化的影响如图 2-1 所示。高铁肌红蛋白所呈现的褐色是不期望的颜色。

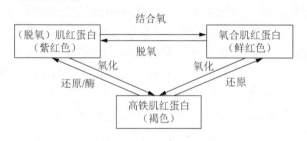

图 2-1　氧对肉色变化的影响

（2）湿度：环境中湿度大，则氧化得慢，这是因为肉表面的水汽层影响氧的扩散。如果湿度低且空气流速快，则加速高铁肌红蛋白的形成，使肉色快速变褐。牛肉在 8℃ 冷藏时，相对湿度为 70%，2d 变褐；相对湿度为 100% 时，4d 变褐。

（3）温度：环境温度高促进氧化，温度低则氧化得慢。例如，牛肉 3～5℃ 储藏 9d 变褐，0℃ 储藏 18d 才变褐。因此为了防止肉氧化变褐，应尽可能在低温下储藏。

（4）pH：动物在宰前糖原消耗过多，尸僵后肉的极限 pH 高，易出现生理异常肉，牛肉易变为黑干肉，这种肉颜色较正常肉深暗。而猪肉则易变为白肌肉，肉色变得苍白。

（5）微生物：肉储藏时被微生物污染，会使肉表面颜色改变。被细菌污染，其分解蛋白质会使肉色污浊；霉菌污染，则在肉表面形成白色、红色、绿色、黑色等色斑或发出荧光。

影响肉色的因素如表 2-4 所示。

表 2-4 影响肉色的因素

因素	影响
肌红蛋白含量	含量越多，颜色越深
品种、解剖位置	牛、羊肉颜色较深；猪次之；禽腿肉为红色，而胸肉为浅白色
年龄	年龄越大，肌肉中肌红蛋白含量越高，肉色越深
运动	运动量大，肌肉中肌红蛋白含量高，肉色深
pH	pH>6.0，不利于氧合肌红蛋白形成，肉色黑暗
肌红蛋白的化学状态	氧合肌红蛋白呈鲜红色，高铁肌红蛋白呈褐色
细菌繁殖	促进高铁肌红蛋白形成，肉色变暗
霉菌繁殖	表面形成白色、红色、绿色等色斑或发出荧光
电刺激	有利于改善牛、羊的肉色
宰后处理	迅速冷却有利于肉保持鲜红颜色 放置时间加长、细菌繁殖、温度升高均促进肌红蛋白氧化，使肉色变深
腌制（亚硝基形成）	生成亮红色的亚硝基肌红蛋白，加热后形成粉红色的亚硝基血色原

二、肉的风味

肉的风味又称味质，指的是生鲜肉的气味和加热后肉制品的香气及滋味。它是由肉中固有成分经过复杂的生物化学变化，产生各种有机化合物所致。其特点是成分复杂多样，含量甚微，用一般方法很难测定。除少数成分外，多数无营养价值，不稳定，加热易破坏和挥发。呈味物质的呈味性能与其分子结构有关，呈味物质均具有各种发香基团，如羟基（—OH）、羧基（—COOH）、醛基（—CHO）、羰基（—CO）、巯基（—SH）、酯基（—COOR）、氨基（—NH$_2$）、酰胺基（—CONH$_2$）、亚硝基（—NO）、苯基（—C$_6$H$_5$）。肉的风味是通过人高度灵敏的嗅觉和味觉器官反映出来的。

1. 气味

气味是肉中具有挥发性的物质，随气流进入鼻腔，刺激嗅觉细胞通过神经传导反应到大脑嗅区而产生的一种刺激感。使人产生愉快感的为香味，使人产生厌恶感的为异味、臭味。气味的成分十分复杂，有 1000 多种，主要有醇、醛、酮、酸、酯、醚、呋喃、内酯、糖类及含氮化合物等。

动物的种类、性别、饲料等对肉的气味有很大影响。生鲜肉散发出一种肉腥味，羊肉有膻味，狗肉有腥味，特别是晚去势（阉割）或未去势的公猪、公牛及公羊的肉有特殊的性气味，在发情期宰杀的动物肉散发出令人厌恶的气味。

某些特殊气味如羊肉的膻味，来源于存在于脂肪中的挥发性低级脂肪酸，如 4-甲基辛酸、壬酸、癸酸等。

喂鱼粉、豆粕、蚕饼等会影响肉的气味，饲料中含有的硫丙烯、二硫丙烯、丙烯-丙基二硫化物等会移行至肉内，发出特殊的气味。

肉在冷藏时，由于微生物繁殖，在肉表面形成菌落成为黏液，而后产生明显的不良气味。长时间冷藏，脂肪会自动氧化，解冻后肉汁流失、肉质变软，使肉的风味降低。

肉在不良环境中储藏和与带有挥发性的物质（如葱、鱼、药物等）混合储藏，都会吸收外来异味。

2. 滋味

滋味是由溶于水的可溶性呈味物质，刺激人的舌面味觉细胞——味蕾，通过神经传导到大脑而反映出的味感。舌面分布的味蕾可感觉出不同的味道，而肉味靠舌的全面感觉。

肉的鲜味成分来源于核苷酸、氨基酸、酰胺、肽、有机酸、糖类、脂肪等前体物质。影响肉滋味的物质如表 2-5 所示。

表 2-5　影响肉滋味的物质

滋味	化合物
甜	葡萄糖、果糖、核糖、甘氨酸、丝氨酸、脯氨酸、羟脯氨酸
咸	无机盐、谷氨酸钠、天冬氨酸钠
酸	天冬氨酸、谷氨酸、组氨酸、天冬酰胺、琥珀酸、乳酸、二氢吡咯羧酸、磷酸
苦	肌酸、肌酐酸、次黄嘌呤、鹅肌肽、肌肽、其他肽类、组氨酸、精氨酸、蛋氨酸、缬氨酸、亮氨酸、异亮氨酸、苯丙氨酸、色氨酸、酪氨酸
鲜	MSG、5′-肌苷酸钠（5′-IMP）、5′-鸟苷酸二钠（5′-GMP）、其他肽类

3. 产生途径

（1）美拉德反应：在加热过程中随着大量氨基酸和绝大多数还原糖的消失，一些风味物质逐渐产生，这就是美拉德反应，即氨基酸和还原糖反应生成风味物质。

（2）脂质氧化：脂质氧化是产生风味物质的主要途径，不同种类风味的差异也主要是由脂质氧化产物不同所致。肉在烹调时的脂肪氧化（加热氧化）原理与常温脂肪氧化相似，但加热氧化中热能的存在使其产物与常温氧化大不相同。总体来说，常温氧化产生酸败味，而加热氧化产生风味物质。

（3）硫胺素降解：肉在烹调过程中有大量的物质发生降解，其中硫胺素（维生素 B_1）降解所产生的含硫风味物质对肉的风味，尤其是牛肉味的生成至关重要。

（4）腌肉风味：亚硝酸盐是腌肉的主要特色成分，它除了有发色作用外，对腌肉的风味也有重要影响。亚硝酸盐抑制了脂肪的氧化，所以腌肉体现了肉的基本滋味和香味，减少了脂肪氧化所产生的具有种类特色的风味及过热味。

影响味质的因素如表 2-6 所示。

表 2-6 影响味质的因素

因素	影响
畜龄	畜龄越大，风味越浓
物种	物种间风味差异很大，主要由脂肪酸组成上的差异造成 物种间除风味外还有特征性异味，如羊膻味、猪味、鱼腥味等
脂肪	风味的主要来源之一
氧化	氧化加速脂肪产生酸败味，随温度增加而加速
饲料	饲料中的鱼粉腥味、牧草味均可带入肉中
性别	未去势公猪，因性激素影响，有强烈异味，公羊膻味较重，牛肉风味受性别影响较小
腌制	抑制脂肪氧化，有利于保持肉的原味
细菌繁殖	产生腐败味

三、肉的嫩度

肉的嫩度是消费者重视的食用品质之一，它决定了肉在食用时咀嚼组织状态时的口感，是反映肉质的重要因素。

1. 嫩度的概念

我们通常所说肉嫩或老实质上是对肌肉各种蛋白质结构特性的总体概括，它直接与肌肉蛋白质的结构及某些因素作用下蛋白质发生变性、凝集或分解有关。肉的嫩度总结起来包括以下四方面的含义。

（1）肉对舌或颊的柔软性：即当舌头与颊接触肉时产生的触觉反应。肉的柔软性变动很大，从软乎乎的感觉到木质化的结实程度。

（2）肉对牙齿压力的抵抗性：即牙齿插入肉中所需的力的大小。有些肉硬得难以咬动，而有些肉柔软得几乎对牙齿无抵抗性。

（3）咬断肌纤维的难易程度：指牙齿切断肌纤维的能力，其首先要咬破肌外膜和肌束，因此与结缔组织的含量和性质密切相关。

（4）嚼碎程度：用咀嚼后肉渣剩余的多少及咀嚼后到下咽时所需的时间来衡量。

2. 影响肌肉嫩度的因素

影响肌肉嫩度的实质主要是结缔组织的含量与性质及肌原纤维蛋白的化学结构状态。它们受一系列的因素影响而变化，从而导致肉嫩度的变化。影响肌肉嫩度的宰前因素也很多，主要有如下几项。

（1）畜龄：一般说来，幼龄家畜的肉比老龄家畜嫩。其原因在于幼龄家畜肌肉中胶原蛋白的交联程度低，易受加热作用而裂解。而成年家畜肌肉中胶原蛋白的交联程度高，不易受热和酸、碱等的影响。例如，肌肉加热时胶原蛋白的溶解度，犊牛为 19%～24%，

2 岁阉公牛为 7%～8%，而老龄牛仅为 2%～3%，并且对酸解的敏感性也降低。

（2）肌肉的解剖学位置：牛的腰大肌最嫩，胸头肌最老。据测定，腰大肌中羟脯氨酸含量也比半腱肌少得多。经常使用的肌肉（如半膜肌和股二头肌）比不经常使用的肌肉（如腰大肌）的弹性蛋白含量多。同一肌肉的不同部位嫩度也不同，猪背最长肌的外侧比内侧部分要嫩。牛的半膜肌从近端到远端嫩度逐渐下降。

（3）营养状况：凡营养良好的家畜，肌肉脂肪含量高，大理石纹丰富，肉的嫩度好。肌肉脂肪有冲淡结缔组织的作用，而消瘦动物的肌肉脂肪含量低，肉质老。

（4）尸僵和成熟：宰后尸僵发生时，肉的硬度会大大增加，因此肉的硬度又有固有硬度和尸僵硬度之分。前者为刚宰后和成熟时的硬度，而后者为尸僵发生时的硬度。肌肉发生异常尸僵时，如冷收缩和解冻僵直，肌肉发生强烈收缩，从而使硬度达到最大。

（5）加热处理：加热对肌肉嫩度有双重效应，它既可以使肉变嫩，又可使其变硬，这取决于加热的温度和时间。加热可引起肌肉蛋白质变性，从而发生凝固、凝集和短缩现象。当温度在 65～75℃时，肌肉纤维的长度会收缩 25%～30%，从而使肉的嫩度降低。另外，肌肉中的结缔组织在 60～65℃会发生短缩，而超过这一温度会逐渐转变为明胶，从而使肉的嫩度得到改善。结缔组织中的弹性蛋白对热不敏感，所以有些肉虽然经过很长时间的煮制但仍很老，这与肌肉中弹性蛋白的含量高有关。

影响肉嫩度的因素如表 2-7 所示。

表 2-7　影响肉嫩度的因素

因素	影响
畜龄	畜龄越大，肉越老
运动	一般运动多的畜禽肉较老
性别	公畜肉一般较母畜和阉畜肉老
大理石纹	与肉的嫩度呈一定程度的正相关
成熟（aging）	改善嫩度
品种	不同品种的畜禽肉在嫩度上有一定差异
电刺激	可改善嫩度
成熟（conditioning）	尽管和 aging 一样均指成熟，但又特指将肉放在 10～15℃环境中解僵，这样可以防止冷收缩
肌肉	肌肉不同，嫩度差异很大，这是由于其中结缔组织的量和质不同
僵直	动物宰后将发生死后僵直，此时肉的嫩度下降，僵直过后，成熟肉的嫩度得到恢复
解冻僵直	导致嫩度下降，损失大量水分

3. 肉的嫩化技术

（1）电刺激：主要是加速肌肉的代谢，从而缩短尸僵的持续期并降低尸僵的程度。

此外，电刺激可以避免羊胴体和牛胴体产生冷收缩。

（2）酶法：利用蛋白酶类可以嫩化肉，常用的酶为植物蛋白酶，主要有木瓜蛋白酶、菠萝蛋白酶和无花果蛋白酶，商业上使用的嫩肉粉多为木瓜蛋白酶。酶对肉的嫩化作用主要是由其对蛋白质的裂解所致，所以使用时应控制酶的浓度和作用时间，如酶解过度，则会使肉失去应有的质地并产生不良的味道。

（3）醋渍法：将肉在酸性溶液中浸泡可以改善肉的嫩度。据实验，溶液 pH 在 4.1～4.6 时嫩化效果最佳。用酸性红酒或醋来浸泡肉较为常见，它不但可以改善嫩度，还可以增加肉的风味。

（4）压力法：给肉施加高压可以破坏肉的肌纤维中亚细胞的结构，释放大量 Ca^{2+}，同时也释放组织蛋白酶，使蛋白质水解活性增强，一些结构蛋白质被水解，从而导致肉的嫩化。

（5）碱嫩化法：用肉质量 0.4%～1.2%的碳酸氢钠或碳酸钠溶液对牛肉进行注射或浸泡腌制处理，可以显著提高 pH 和保水能力，降低烹饪损失，改善熟肉制品的色泽，使结缔组织的热变性提高，从而使肌原纤维蛋白对热变性有较大的抗性，提高肉的嫩度。

四、肉的保水性

1. 保水性的概念

肉的保水性即持水性、系水性，指肉在压榨、加热、切碎、搅拌等外界因素的作用下，保持原有水分和添加水分的能力。肉的保水性是一项重要的肉质性状，这种特性对肉品加工的质量和产品的重量都有很大影响。

2. 保水性的理化基础

肌肉中的水是以结合水、不易流动水和自由水 3 种形式存在的。其中不易流动水主要存在于细胞内、肌原纤维及膜之间，度量肌肉的保水性主要指的是这部分水，它取决于肌原纤维蛋白的网状结构及蛋白质所带静电荷的多少。蛋白质处于膨胀胶体状态时，网状空间大，保水性就高；反之处于紧缩状态时，网状空间小，保水性就低。

3. 影响保水性的因素

1）pH

pH 对保水性的影响实质是蛋白质分子的静电荷效应。蛋白质分子所带的净电荷对蛋白质的保水性具有两方面的意义：①净电荷是蛋白质分子吸引水的强有力的中心；②净电荷使蛋白质分子间具有静电斥力，可以使其结构松弛，增加保水效果。对肉来讲，净电荷增加，则保水性提高；净电荷减少，则保水性降低。

稍稍改变 pH 就可引起保水性的很大变化。任何影响肉 pH 变化的因素或处理方法均可影响肉的保水性，尤以猪肉为甚。在肉制品加工中，常用添加磷酸盐的方法来调节 pH 至 5.8 以上，以提高肉的保水性。

2）动物因素

畜禽种类、年龄、性别、饲养条件、肌肉部位及屠宰前后处理等，对肉的保水性都有影响。兔肉的保水性最佳，其余依次为牛肉、猪肉、鸡肉、马肉。就年龄和性别而论，保水性优劣依次为：去势牛＞成年牛＞母牛＞幼龄牛＞老龄牛，其中，成年牛随体重增加而保水性降低。实验表明，猪的肱上肌保水性最好，其余依次为胸锯肌、腰大肌、半膜肌、股二头肌、臀中肌、半腱肌、背长肌。其他骨骼肌较平滑肌为佳，颈肉、头肉比腹部肉、舌肉的保水性好。

3）尸僵和成熟

当 pH 降至 5.4～5.5 时，达到了肌原纤维主要蛋白质——肌球蛋白的等电点，即使没有蛋白质的变性，其保水性也会降低。

僵直期后（1～2d），肉的水合性逐渐升高，而僵直逐渐解除。一种原因是蛋白质分子分解成较小的单位，从而引起肌肉纤维渗透压增高；另一种原因可能是蛋白质净电荷（实效电荷）增加及主要价键断裂，使蛋白质结构疏松，并有助于蛋白质水合离子的形成，因而肉的保水性增加。

4）无机盐

一定浓度的食盐具有增强肉的保水性的作用。这主要是因为食盐能使肌原纤维发生膨胀。另外，食盐腌肉使肉的离子强度增高，肌纤维蛋白质数量增多。这些纤维状肌肉蛋白质在加热变性的情况下，将水分和脂肪包裹起来凝固，使肉的保水性提高。通常肉制品中食盐含量在 3%左右。

聚磷酸盐对肌球蛋白变性有一定的抑制作用，可使肌肉蛋白质的保水性更稳定。

5）加热

肉加热时保水能力明显降低，加热程度越高，保水能力下降越明显。这是由于蛋白质的热变性作用，使肌原纤维紧缩，空间变小，不易流动水被挤出。

五、PSE 肉与 DFD 肉

市场销售的猪肉中，时而见到一些与正常猪肉相比呈淡白色或暗红色的猪肉，这两种肉在兽医卫生检验上称为白肌肉（PSE 肉）和黑干肉（DFD 肉）。

PSE 肉即肉色灰白（pale）、肉质松软（soft）、有渗出物（exudate）。产生原因：应激反应时，机体分解代谢加强，比平时产热量增加数倍，体温升高，糖酵解产生大量乳酸，使肌肉组织 pH 在宰后迅速下降，加速了肉的陈化过程。此外，三磷酸腺苷（ATP）与钙、镁离子结合，可以生成提高组织持水力的物质，应激时 ATP 急剧减少，因此肌肉组织持水力下降，这样就形成了 PSE 肉。

而饥饿、能量大量消耗和长时间低强度的应激源刺激又可导致 DFD 肉，即肌肉干燥（dry）、质地粗硬（firm）、色泽深暗（dark）的肉。这主要是由于应激持续时间长，肌糖原消耗枯竭，几乎没有乳酸生成，肉的 pH 始终维持在 6 以上，鲜红色的氧合肌红蛋白变成了紫红色的肌红蛋白，肉呈暗红色。同时，美味成分肌苷酸生成减少，肉质下降。

PSE 肉由于水分流失，胴体产量会下降，而且猪肉制熟后较干，会影响食用时的口感；DFD 肉味质较差，并且由于 pH 偏高，利于微生物繁殖，因而腐败变质概率较高，该问题会出现在所有动物的肉的品质上，而 PSE 肉通常只出现在猪肉品质上。

任务实施

原料肉的品质评定

一、要点

通过评定或测定原料肉的颜色、酸度、保水性、嫩度、大理石纹及熟肉率，对原料肉品质进行综合评定。

二、原料和用具

肉色的评定

（1）原料：猪半胴体。

（2）用具：肉色评分标准图、大理石纹评分标准图、定性中速滤纸、pH 计、钢环允许膨胀压缩仪、取样器、嫩度计、书写用硬质塑料板、分析天平、剪切仪。

三、工作过程

大理石纹的评定

1. 观察肉色

猪宰后 2～3h 内取最后胸椎处背最长肌的新鲜切面，在室内正常光线下用目测评分法评定，肉色评分标准如表 2-8 所示。应避免在阳光直射或室内阴暗处评定。

表 2-8　肉色评分标准

肉色	灰白	微红	正常鲜红	微暗红	暗红
评分	1	2	3	4	5
结果	劣质肉	不正常肉	正常肉	正常肉	正常肉*

*为美国的肉色评分标准，因我国的猪肉色较深，故评分 3～4 者为正常。

2. 肉的酸碱度

宰杀后在 45min 内直接用 pH 计测定背最长肌的酸碱度。测定时先用金属棒在肌肉上刺一个孔，按国际惯例，用最后胸椎部背最长肌中心处的 pH 表示。正常肉的 pH 为 6.1～6.4，PSE 肉的 pH 一般为 5.1～5.5。

3. 肉的保水性

测定保水性最普遍使用的方法是压力法，即施加一定的重力或压力，测定被压出的水量与肉重之比。测定方法是用 35kg 质量压力法度量肉样的失水率，失水率越高，系水力越低，保水性越差。

（1）取样：在第 1~2 腰椎背最长肌处切取 1.0mm 厚的薄片，平置于干净橡胶片上，再用直径 2.523cm 的圆形取样器切取中心部肉样。

（2）测定：切取的肉样用感量为 0.001g 的天平称量后，将肉样置于两层纱布间，上下各垫 18 层定性中速滤纸，滤纸外各垫一块书写用硬质塑料板，然后放置于改装的钢环允许膨胀压缩仪上，匀速摇动加压至 35kg，保持 5min，解除压力后立即称量肉样。

（3）计算：

$$失水率 = \frac{加压前肉样重 - 加压后肉样重}{加压前肉样重} \times 100\%$$

计算系水率时，需在同一部位另采肉样 50g，据常规方法测定含水量后按下列公式计算：

$$系水率 = \frac{肌肉总水分量 - 肉样失水量}{肌肉总水分量} \times 100\%$$

4. 肉的嫩度

嫩度评定分为主观评定和客观评定。

（1）主观评定：主观评定是依靠舌与颊接触肌肉时产生的触觉与咀嚼的难易程度等进行的综合评定。感官评定的优点是比较接近正常食用条件下对嫩度的评定，但评定人员须经专门训练。感官评定从以下 3 个方面进行：①咬断肌纤维的难易程度；②咬碎肌纤维的难易程度或达到正常吞咽程度时的咀嚼次数；③剩余残渣量。

（2）客观评定：通过用嫩度计测定剪切力的大小来客观表示肌肉的嫩度。实验表明，剪切力与主观评定之间的相关系数达 0.60~0.85，平均为 0.75。测定时在一定温度下将肉样煮熟，用直径 1.27cm 的取样器切取肉样，在室温条件下置于剪切仪上测量剪切肉样所需的力，用 kgf 表示，其数值越小，肉越嫩。重复 3 次计算其平均值。

5. 大理石纹

大理石纹反映了一块肌肉内可见脂肪的分布状况，通常以最后一块胸椎处的背最长肌为代表，用目测评分法评定：脂肪只有痕迹，评 1 分；微量脂肪，评 2 分；少量脂肪，评 3 分；适量脂肪，评 4 分；过量脂肪，评 5 分。目前暂用大理石纹评分标准图测定，如果评定鲜肉时脂肪不清楚，可将肉样置于冰箱内在 4℃下保持 24h 后再评定。

6. 熟肉率

将完整腰大肌用感量为 0.1g 的分析天平称量后，置于蒸锅屉上蒸煮 45min，取出后冷却 30~40min 或吊挂于室内无风阴凉处，30min 后称量，用下列公式计算：

$$熟肉率 = \frac{蒸煮后肉样重}{蒸煮前肉样重} \times 100\%$$

四、完成评定记录单

根据所学知识进行原料肉的品质评定，并完成评定记录单（表2-9）。

表2-9　原料肉品质评定记录单

任务	检测记录	备注
知识掌握	小组制作的 PPT 汇报提纲： 根据重点知识编写考题：	
检测方案的制订	检测用具： 检测指标： 检测过程：	
检测结果	肉色：	
	肉的酸碱度：	
	肉的保水性：	
	肉的嫩度：	
	大理石纹：	
	熟肉率：	

课后习题

一、填空题

1. 形成肌肉颜色的物质可以分为_____和_____两种蛋白。

2. 肌红蛋白本身为紫红色，与氧结合可生成_____，为鲜红色，是新鲜肉的象征。

3．影响肉气味的因素有_____、_____、饲料等，肉的鲜味成分来源于_____、_____、酰胺、肽、有机酸、糖类、脂肪等前体物质。

4．影响肌肉嫩度的宰前因素有_____、_____、_____、_____、_____。

5．肉在煮制过程中，颜色变化主要是由_____和高铁肌红蛋白受热后发生氧化、变性引起的。

二、判断题

1．将灰白、柔软和多汁出水的肉称为 DFD 肉。　　　　　（　　）

2．将肌肉失水、质地粗硬、色泽深暗的肉称为 DFD 肉。　　（　　）

三、单项选择题

1．肌肉组织呈红色的主要成分是（　　　）。

A．肌球蛋白　　　　B．肌动蛋白　　　　C．肌溶蛋白　　　　D．肌红蛋白

2．家畜肌肉呈现出来的颜色，主要是由（　　　）显现的颜色。

A．血红蛋白　　　　B．肌红蛋白　　　　C．胶原蛋白　　　　D．金属铁离子

四、简答题

1．影响肉嫩度的因素有哪些？

2．肉的人工嫩化方法有哪几种？

3．影响肉系水率的因素有哪些？

参考答案

任务三　原料肉的理化检验

任务要求

具体任务

根据教师提供的学习资料和网络教学资源，小组同学自学原料肉理化检验的基础知识，在教师的指导下完成学习汇报 PPT。制订原料肉理化检验的方案，按照肉制品生产企业的规范操作，完成对原料肉的理化检验。

任务准备

各组学生分别完成如下准备工作：

（1）根据教师提供的资料和网络教学资源，通过自学方式掌握原料肉的化学组成和各组成成分的含量及特点。

（2）根据学习资料拟定汇报提纲。

（3）根据教师和同学的建议修改汇报提纲，制作汇报 PPT。

（4）按照汇报提纲进行学习汇报。

（5）根据原料肉的化学组成和各组成成分的含量及特点，制订原料肉理化检验的方案。

（6）根据教师和同学的建议修改原料肉理化检验的方案。

（7）按照制订的原料肉理化检验的方案独立完成检验任务、填写评定记录单。

任务目标

（1）能够流利讲解原料肉的化学组成和各组成成分的含量及特点。

（2）能够在感官检验的基础上通过简单的理化指标来判断肉的新鲜度。

（3）能够选择理化检测指标来判断原料肉的新鲜度。

（4）能够熟练组装半微量定氮装置，运用半微量定氮法测定挥发性盐基氮。

（5）能够熟练运用微量扩散法测定原料肉中的挥发性盐基氮。

（6）能够熟练使用微量滴定法测定原料肉中的挥发性盐基氮。

知识准备

肉的化学组成主要是指肌肉组织中的各种化学物质，包括水分、蛋白质、脂肪、碳水化合物、灰分等。

一、水分

水是肉中含量最多的成分，不同组织水分含量差异很大，其中肌肉含水量为70%～80%，皮肤为60%～70%，骨骼为12%～15%。畜禽越肥，水分的含量越少，老年动物比幼年动物含水量少。肉中水分含量及存在状态影响肉的加工质量及储藏性。肉中水分的存在形式大致可分为结合水、不易流动水、自由水3种。

1. 结合水

肉中结合水的含量大约占水分总量的5%，通常指在蛋白质等分子周围，借助分子表面分布的极性基团与水分子之间的静电引力而形成的一薄层水分。结合水与自由水的性质不同，它的蒸汽压极低，冰点约为－40℃，不能作为其他物质的溶剂，不易受肌肉蛋白质结构或电荷的影响，甚至在施加外力的条件下，也不能改变其与蛋白质分子紧密结合的状态。通常这部分水分布在肌肉的细胞内部。

2. 不易流动水

不易流动水约占水分总量的80%，指存在于纤丝、肌原纤维及膜之间的一部分水分。这些水分能溶解盐及其他溶质，并可在－1.5～0℃下结冰。不易流动水易受蛋白质结构和电荷变化的影响，肉的保水性能主要取决于此类水的保持能力。

3. 自由水

自由水指能自由流动的水，存在于细胞外间隙中，约占水分总量的 15%。

二、蛋白质

肌肉中除水分外的主要成分是蛋白质，为 18%~20%，占肉中固形物的 80%。依其构成位置和在盐溶液中的溶解度可分成以下 3 种，即肌原纤维蛋白、肌浆蛋白、基质蛋白质。

1. 肌原纤维蛋白

肌原纤维蛋白是肌肉收缩的单位，由丝状的蛋白质凝胶构成。肌原纤维蛋白的含量随肌肉活动而增加，并因静止或萎缩而减少。而且，肌原纤维蛋白与肉的某些重要品质特性（如嫩度）密切相关。肌原纤维蛋白占肌肉蛋白质总量的 40%~60%，主要包括肌球蛋白、肌动蛋白、肌动球蛋白和 2~3 种调节性结构蛋白质。

2. 肌浆蛋白

肌浆是浸透于肌原纤维内外的液体，含有机物与无机物。通常将磨碎的肌肉压榨便可挤出肌浆。肌浆蛋白一般占肉中蛋白质含量的 20%~30%。它包括肌溶蛋白、肌红蛋白、肌球蛋白 X 和肌粒中的蛋白质等。这些蛋白质易溶于水或低离子强度的中性盐溶液，是肉中最易提取的蛋白质，故称为肌肉的可溶性蛋白质。这里重点叙述与肉及其制品的色泽有直接关系的肌红蛋白。

肌红蛋白是一种复合性的色素蛋白质，是使肌肉呈现红色的主要成分。肌红蛋白由一条肽链的珠蛋白和一分子亚铁血红素结合而成。肌红蛋白有多种衍生物，如呈鲜红色的氧合肌红蛋白、呈褐色的高铁肌红蛋白、呈亮红色的亚硝基肌红蛋白等。肌红蛋白的含量因动物的种类、年龄、肌肉的部位而不同。

3. 基质蛋白质

基质蛋白质也称间质蛋白质，是指肌肉组织磨碎之后在高浓度的中性溶液中充分抽提之后的残渣部分。基质蛋白质是构成肌内膜、肌束膜和腱的主要成分，包括胶原蛋白、弹性蛋白、网状蛋白及黏蛋白等，存在于结缔组织的纤维及基质中，它们均属于硬蛋白类。

三、脂肪

脂肪对肉的食用品质影响甚大，肌肉内脂肪的多少直接影响肉的多汁性和嫩度。动物的脂肪可分为蓄积脂肪和组织脂肪两大类，蓄积脂肪包括皮下脂肪、肾周围脂肪、大网膜脂肪及肌间脂肪等；组织脂肪为脏器内的脂肪。动物性脂肪的主要成分是甘油三酯（三脂肪酸甘油酯），约占90%，还有少量的磷脂和固醇脂。肉类脂肪有20多种脂肪酸，其中饱和脂肪酸以硬脂酸和软脂酸居多；不饱和脂肪酸以油酸居多，其次是亚油酸。磷脂及胆固醇所构成的脂肪酸酯类是能量来源之一，也是构成细胞的特殊成分，它对肉类制品质量、颜色、气味具有重要影响。不同动物脂肪的脂肪酸组成不一致，相对来说，鸡脂肪和猪脂肪中含不饱和脂肪酸较多，牛脂肪和羊脂肪中含不饱和脂肪酸较少。

四、浸出物

浸出物是指除蛋白质、盐类、维生素外能溶于水的浸出性物质，包括含氮浸出物和无氮浸出物。

1. 含氮浸出物

含氮浸出物为非蛋白质的含氮物质，如游离氨基酸、磷酸肌酸、核苷酸类（ATP、ADP、AMP、IMP）及肌苷等。这些物质会影响肉的风味。例如，ATP除供给肌肉收缩的能量外，还逐级降解为肌苷酸，是肉香的主要成分；磷酸肌酸分解成肌酸，肌酸在酸性条件下加热则为肌酐，可增强熟肉的风味。

2. 无氮浸出物

无氮浸出物为不含氮的可浸出的有机化合物，包括糖类化合物和有机酸。

无氮浸出物主要是糖原、葡萄糖、麦芽糖、核糖、糊精，有机酸主要是乳酸及少量的甲酸、乙酸、丁酸、延胡索酸等。

糖原主要存在于肝脏和肌肉中，肌肉中含 0.3%～0.8%，肝脏中含 2%～8%，马肉肌糖原含量在 2%以上。宰前动物消瘦，疲劳及病态，则肉中糖原储备少。肌糖原的含量对肉的pH、保水性、颜色等均有影响，并且影响肉的储藏性。

五、矿物质

肉中矿物质含量占 1.5%左右。这些无机盐在肉中有的以游离状态存在，如 Ca^{2+}、Mg^{2+}；有的以螯合状态存在，如肌红蛋白中含铁，核蛋白中含磷。肉中尚含有微量的锰、铜、锌、镍等。

六、维生素

肉中的维生素主要有维生素 A、维生素 B_1、维生素 B_2、维生素 PP、叶酸、维生素 C、维生素 D 等。其中脂溶性维生素较少，但水溶性 B 族维生素含量丰富。猪肉中维生素 B_1 的含量比其他肉类要多得多，而牛肉中叶酸的含量又比猪肉和羊肉高。此外，动物的肝脏中各种维生素含量几乎都很高。

七、影响肉化学成分的因素

1. 家畜的种类

家畜种类对肉的化学组成的影响是显而易见的,但这种影响的程度还受多种内在和外界因素的影响。表 2-10 列出了不同种类的成年家畜其背最长肌的化学成分。由表可见,这几种家畜肌肉的水分含量、总氮含量及可溶性磷含量比较接近,而其他成分有显著差别。

表 2-10　成年家畜背最长肌的化学成分

项目	家畜种类			
	家兔	羊	猪	牛
水分（除脂肪）含量/%	77.0	77.0	76.7	76.8
肌肉间脂肪含量/%	2.0	7.9	2.9	3.4
肌肉间脂肪碘值/（g/100g）	—	54	57	57
总氮含量（除去脂肪）/%	3.4	3.6	3.7	3.6
总可溶性磷含量/%	0.20	0.18	0.20	0.18
肌红蛋白含量/%	0.2	0.25	0.06	0.50
胺类、三甲胺及其他成分含量/%	—	—	—	—

2. 性别

家畜性别的不同主要影响到肉的质地和风味,对肉的化学组成也有影响。未经去势的公畜肉质地粗糙,比较坚硬,具有特殊的腥臭味。此外,公畜的肌内脂肪含量低于母畜或去势畜。因此,作为加工用的原料,应选用经过肥育的去势家畜,未经阉割的公畜和老母猪等不宜用作肉制品加工的原料。

3. 畜龄

肌肉的化学组成随着畜龄的增加会发生变化。一般说来,除水分下降外,别的成分含量均增加。幼年畜禽肌肉的水分含量高,缺乏风味,除特殊情况（如烤乳猪）外,一般不作为肉制品加工原料。为获得优质的原料肉,肉用畜禽都有一个合适的屠宰月龄（或日龄）。

4. 营养状况

家畜营养状况会直接影响其生长发育,从而影响到肌肉的化学组成。不同肥育程度的肉中其肌肉的化学组成有较大的差别（表 2-11）。营养的好坏对肌肉脂肪含量的影响最为明显（表 2-12）,营养状况好的家畜,其肌肉内会沉积大量脂肪,使肉的横切面呈现大理石纹,其风味和质地均佳。反之,营养贫乏,则肌肉脂肪含量低,肉质差。

表 2-11 营养状况和畜龄对猪背最长肌成分的影响

指标	营养状况			
	好		坏	
	16 周	26 周	16 周	26 周
肌肉脂肪含量/%	2.27	4.51	0.68	0.02
肌肉脂肪碘值/（g/100g）	62.96	59.20	95.40	66.80
水分（除脂肪）含量/%	74.37	71.78	78.09	73.74

表 2-12 肥育程度对牛肉化学成分的影响　　　　单位：%

牛肉	占净肉的比例				占去脂净肉的比例		
	蛋白质	脂肪	水分	灰分	蛋白质	水分	灰分
肥育良好	19.2	18.3	61.6	0.9	23.5	75.5	1.0
肥育一般	20.0	10.7	68.3	1.0	22.4	76.5	1.1
肥育不良	21.1	3.8	74.1	1.1	21.9	76.9	1.2

5. 解剖部位

肉的化学组成除受家畜的种类、品种、畜龄、性别、营养状况等因素影响外，同一家畜不同部位的肉其组成也有很大差异。

原料肉的新鲜度检测

一、要点

在感官检验的基础上需要辅以实验室检验来鉴定肉的新鲜程度，理化检验是实验室常用的检验方法。对原料肉而言，主要通过测定挥发性盐基氮、pH 及球蛋白沉淀等来完成。

二、工作过程

1. 样液的制备

将样品除去脂肪、骨头及筋腱后，切碎、搅匀，称取 10g 于锥形瓶中，加 100ml 水，不时振摇，浸渍 30min 后过滤，滤液置于冰箱中备用。

2. 爱氏试剂法

（1）爱氏试剂：1 份 25%盐酸、3 份 95%乙醇、1 份乙醚混合而成。

（2）仪器：试管、普通橡胶塞、带铁丝橡胶塞（在塞子下方插一根铁丝，铁丝下端

原料肉新鲜度的理化检验——爱氏试剂法

弯成钩形）、吸管。

（3）鉴别方法：吸取 2～3ml 爱氏试剂，置于大试管内，塞上普通橡胶塞，摇 2～3次。然后取下塞子，并立即塞上带铁丝橡胶塞（肉挂在弯钩上），注意勿碰管壁，距液面 1～2cm。

若肉已不新鲜，则有氨存在，于数秒钟内即有氯化铵白雾生成。如出现少量白雾，则认为肉开始变质；如出现大量白雾，则样品已腐败变质。

3. 纳斯勒（Nessler）氏试剂氨反应

1）原理

氨和胺类化合物是肉变质腐败时所产生的特征产物,它能够与纳斯勒氏试剂在碱性环境中生成不溶性的复合盐沉淀——碘化二亚汞铵（呈黄色），颜色的浓淡和沉淀物的多少取决于肉中氨和胺类化合物的量。该反应对游离氨或结合氨都能进行测定。反应式如下：

$$2HgCl_2+4KI \longrightarrow 2HgI_2\downarrow +4KCl$$

$$2HgI_2+4KI+3KOH+NH_3 \longrightarrow HgOHgNH_2I+2H_2O+7KI$$

原料肉新
鲜度的
理化检验
——纳斯
勒氏试剂
氨反应

2）纳斯勒氏试剂

称取 10g 碘化钾，溶解于 10ml 热蒸馏水中，陆续加入饱和氯化汞溶液（在 20℃时 100ml 水中能溶解 6.1g $HgCl_2$），不断振摇，直到产生的朱红色沉淀不再溶解为止。然后向此溶液中加 35%氢氧化钾溶液 80ml，最后加入无氨蒸馏水将其稀释至 200ml，静置 24h 后，取上清液作为试剂。移于棕色瓶中，塞上橡胶塞，置阴凉处保存。

3）仪器

试管、吸管、试管架。

4）操作方法

具体操作：取 2 支试管，1 支内加入 1ml 肉浸出液，另一支加入 1ml 煮沸 2 次并冷却的无氨蒸馏水作对照，然后向其中各滴入纳斯勒氏试剂，每加 1 滴振摇数次，并观察颜色的变化。一直加到 10 滴为止。

5）判定标准。

纳斯勒氏试剂反应结果判定表如表 2-13 所示。

表 2-13 纳斯勒氏试剂反应结果判定表

试剂滴数	颜色和沉淀的变化情况	氨和胺类化合物的含量/（mg/100g）	肉的品质
10	颜色未变，没有浑浊和沉淀	<16	新鲜肉
10	淡黄色，轻度浑浊，无沉淀	16～20	次鲜肉
10	呈黄色，轻度浑浊，稍有沉淀	21～30	自溶肉
6	呈黄色或橙黄色，有沉淀	31～45	腐败肉
1～5	呈明显的黄色或橙黄色，有较多沉淀	46 以上	完全腐败肉

原料肉新鲜度的理化检验——球蛋白沉淀反应

4. 球蛋白沉淀反应

1）原理

肌球蛋白也称肌凝蛋白，是构成肌纤维的主要蛋白质。它易溶于碱性溶液中，但在酸性环境中则不溶解。当肉腐败变质时，由于肉中氨和盐胺类等碱性物质的蓄积，肉的酸度减小，pH 升高，使肌肉中球蛋白呈溶胶状态，在重金属盐（如硫酸铜）或者酸（如乙酸）的作用下发生凝结而沉淀。

2）试剂

（1）10%乙酸溶液：量取 10ml 乙酸，加蒸馏水至 100ml，混匀。

（2）10%硫酸铜溶液：称取五水硫酸铜（$CuSO_4 \cdot 5H_2O$）15.64g，先以少量蒸馏水使其溶解，然后加蒸馏水稀释至 100ml。

3）仪器

试管、试管架、吸管、水浴锅。

4）操作方法

（1）乙酸沉淀法：向试管中加入肉浸出液 2ml，加 10%乙酸 2 滴，将试管置于 80℃水浴 3min，然后观察结果。

（2）硫酸铜沉淀法：向试管中加入肉浸出液 2ml，加 10%硫酸铜溶液 5 滴，振摇后静置 5min，然后观察结果。

5）判定标准

新鲜肉，液体清亮透明；次新鲜肉，液体稍浑浊；变质肉，液体浑浊，并有絮片或胶冻样沉淀物。

5. pH 的测定

原料肉新鲜度的理化检验——pH 的测定

1）原理

新鲜肉浸出液的 pH 通常为 5.8～6.2。肉腐败时，由于肉内蛋白质在细菌酶的作用下被分解为氨和胺类化合物等碱性物质，因而肉趋于碱性，pH 显著增高。另外，畜禽在宰前由于过劳、虚弱、患病等能量消耗过大，肌肉中糖原减少，所以宰后肌肉中形成的乳酸和磷酸也较少。在这种情况下，肉虽具有新鲜肉的感官特征，但有较高的 pH（6.5～6.8）。因此，在测定肉浸出液 pH 时，要考虑这方面的因素，测定肉 pH 的方法通常有比色法和电化学法。

2）试剂

（1）指示剂：甲基红（pH 4.6～6.0）、溴麝香草酚蓝（pH 6.0～6.7）及酚红（pH 6.8～8.0）。

（2）0.01%硝嗪黄溶液。

3）仪器

天平、量筒、烧杯、锥形瓶、刻度吸管、白瓷皿、剪刀、pH 精密试纸、pH 计。

4）测定方法和判定标准

（1）比色法：利用不同的酸碱指示剂来指示被测液的pH。

① pH试纸法：将pH精密试纸条的一端浸入被检肉浸出液中或直接贴在肉的新鲜切面上，数秒钟后取出与标准色板比较，直接读取pH的近似数值。

② 硝嗪黄试剂反应法：取0.01%硝嗪黄溶液5～10ml，注入类似蒸发皿样的白瓷皿中，再取检样肉片1～2g，放入皿中，然后用小刀在皿内挤压肉片，挤出肉汁，观察溶液变化。

溶液呈深紫色的，pH在6.5以上；溶液无变化的，pH在6.5以下；溶液呈绿色的，pH为6.5。

此法不适用于宰后pH异常的病畜肉及PSE肉的检验。

（2）电化学法：比色法只能测得粗略近似的pH，有一定的局限性。而电化学法能够测量有色、浑浊及胶状溶液的pH，准确度高。

① pH计法：该方法比较快速准确。将pH计调零、校正、定位，然后将玻璃电极和参比电极插入容器内的肉浸出液中，按下读数开关，此时指针移动，到某一刻度处静止不动，读取指针所指的值，加上pH范围调节挡上的数值，即为该肉浸出液的pH。

② 电表pH计测定法：用电表pH计测定肉pH时，可不必制备肉浸出液，只需将电表pH计的电极直接插入被检肉的组织中或新鲜切面上，便可直接读取肉的pH。

新鲜肉的pH为5.8～6.2；次鲜肉的pH为6.3～6.6；变质肉的pH为6.7以上。

原料肉新鲜度的理化检验——硫化氢的测定

6. 硫化氢的测定

1）原理

构成蛋白质的氨基酸中，半胱氨酸和胱氨酸含有巯基，在细菌酶的作用下能形成硫化氢，硫化氢与可溶性铅盐作用时，形成黑色的硫化铅。该反应在碱性环境下进行，能提高反应的灵敏度。因此，若测定肉中的硫化氢时，常将乙酸铅碱性溶液作为滴肉法或滤纸法的试剂。其反应式如下：

$$H_2S + Pb(CH_3COO)_2 \longrightarrow PbS\downarrow + 2CH_3COOH$$

2）试剂

乙酸铅碱性溶液：在10%乙酸铅溶液内加入10%氢氧化钠溶液，直到析出沉淀为止。

3）仪器

100ml具塞锥形瓶、定性滤纸、剪刀。

4）测定方法和判定标准

（1）乙酸铅滴肉法：将乙酸铅碱性溶液直接滴在肉面上，2～3min后，观察反应。此法灵敏度较高，简单易行。正常新鲜肉滴上试剂后无变化；腐败肉滴上试剂后发生反应，呈现褐色或黑色。此法便于市场上肉品检验时应用，作为综合判定的参考。

（2）乙酸铅滤纸法：

① 将被检肉剪成绿豆或黄豆粒大小的肉粒，放入 100ml 具塞锥形瓶中，使之达到锥形瓶容量的 1/3，铺满瓶底。

② 瓶中悬挂经乙酸铅碱性溶液润湿过的滤纸条，使之略接近肉面（但不接触肉面），另一端固定在瓶颈内壁与瓶塞之间。

③ 在室温下放置 15min 后，观察瓶内滤纸条的变色反应。

新鲜肉，滤纸条无变化；次鲜肉，由于硫化铅的形成，滤纸条边缘变为淡褐色；变质肉，由于硫化铅大量形成，滤纸条变为黑褐色或棕色。

（3）滤纸贴肉法：用一条浸过乙酸铅碱性溶液的滤纸条，直接贴在肉切面上，有硫化氢时，贴条变为褐色或黑色。

原料肉新鲜度的理化检验——过氧化氢酶法

7. 过氧化氢酶法

1）原理

新鲜家畜的肌肉组织内含有过氧化氢酶，它可促进过氧化氢释放氧气，氧化有机物，发生特殊的颜色反应，从而鉴定肉的新鲜度。例如，联苯胺在过氧化氢的作用下，可生成蓝绿色的物质。反应式如下：

$$联苯胺＋过氧化氢 \longrightarrow 对醌二亚胺（蓝绿色）＋水$$

2）试剂

（1）10%愈创木酚溶液。

（2）1∶500 联苯胺乙醇溶液，可使用 7d，过期需重配。

（3）1∶500 甲萘酚乙醇溶液。

（4）1%过氧化氢溶液。

3）仪器

试管若干、吸管、绞肉机。

4）测定方法

吸取 10%肉浸汁 2ml，置于试管中，加入 5 滴（1）～（3）3 种试剂的任一种，摇匀后，再加入 2 滴 1%过氧化氢溶液。

如肉汁内有过氧化氢酶存在，加入愈创木酚溶液时，呈现青灰色；加入联苯胺乙醇溶液时，呈蓝绿色或绿色；加入甲萘酚乙醇溶液时，呈淡紫色或很快变成浅樱红色。新鲜肉在 0.5～2min 内就显色；若非新鲜肉，则在 2min 后呈色或无变化。

8. 挥发性盐基氮的测定[《食品安全国家标准　食品中挥发性盐基氮的测定》（GB 5009.228—2016）]

GB 5009.228—2016 规定了食品中挥发性盐基氮的测定方法，适用于以肉类为主要原料的食品、动物的鲜（冻）肉、肉制品和调理肉制品、动物性水产品和海产品及其调

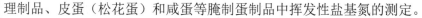

理制品、皮蛋（松花蛋）和咸蛋等腌制蛋制品中挥发性盐基氮的测定。

第一法：半微量定氮法。

1）原理

挥发性盐基氮是由于酶和细菌的作用，动物性食品在腐败过程中其蛋白质分解而产生的氨及胺类等碱性含氮物质。挥发性盐基氮具有挥发性，在碱性溶液中蒸出，利用硼酸溶液吸收后，可用标准酸溶液滴定计算挥发性盐基氮含量。

2）试剂和材料

除非另有说明，本方法所用试剂均为分析纯，水为《分析实验室用水规格和试验方法》（GB/T 6682—2008）规定的三级水。

（1）试剂：氧化镁（MgO）、硼酸（H_3BO_3）、三氯乙酸（$C_2HCl_3O_2$）、盐酸（HCl）或硫酸（H_2SO_4）、甲基红指示剂（$C_{15}H_{15}N_3O_2$）、溴甲酚绿指示剂（$C_{21}H_{14}Br_4O_5S$）或亚甲基蓝指示剂（$C_{16}H_{18}ClN_3S \cdot 3H_2O$）、95%乙醇（$C_2H_5OH$）、消泡硅油。

（2）试剂配制：

① 氧化镁混悬液（10g/L）：称取 10g 氧化镁，加 1000ml 水，振摇成混悬液。

② 硼酸溶液（20g/L）：称取 20g 硼酸，加水溶解后并稀释至 1000ml。

③ 三氯乙酸溶液（20g/L）：称取 20g 三氯乙酸，加水溶解后并稀释至 1000ml。

④ 盐酸标准滴定溶液（0.1000mol/L）或硫酸标准滴定溶液（0.1000mol/L）：按照《化学试剂　标准滴定溶液的制备》（GB/T 601—2016）制备。

⑤ 盐酸标准滴定溶液（0.0100mol/L）或硫酸标准滴定溶液（0.0100mol/L）：临用前以盐酸标准滴定溶液（0.1000mol/L）或硫酸标准滴定溶液（0.1000mol/L）配制。

⑥ 甲基红乙醇溶液（1g/L）：称取 0.1g 甲基红，溶于 95%乙醇，用 95%乙醇稀释至 100ml。

⑦ 溴甲酚绿乙醇溶液（1g/L）：称取 0.1g 溴甲酚绿，溶于 95%乙醇，用 95%乙醇稀释至 100ml。

⑧ 亚甲基蓝乙醇溶液（1g/L）：称取 0.1g 亚甲基蓝，溶于 95%乙醇，用 95%乙醇稀释至 100ml。

⑨ 混合指示液：1 份甲基红乙醇溶液与 5 份溴甲酚绿乙醇溶液临用时混合，也可用 2 份甲基红乙醇溶液与 1 份亚甲基蓝乙醇溶液临用时混合。

3）仪器和设备

天平（感量为 1mg）、搅拌机、具塞锥形瓶（300ml）、半微量定氮装置（图 2-2）、吸量管（10.0ml、25.0ml、50.0ml）、微量滴定管（10ml，最小分度 0.01ml）。

4）分析步骤

（1）准备半微量定氮装置：按图 2-2 安装好半微量定氮装置。装置使用前进行清洗和密封性检查。

（2）试样处理：鲜（冻）肉去除皮、脂肪、骨、筋腱，取瘦肉部分，绞碎搅匀。称取试样 10g，精确至 0.001g，液体样品吸取 10.0ml 或 25.0ml，置于具塞锥形瓶中，准确加入 100.0ml 水，不时振摇，试样在样液中分散均匀，浸渍 30min 后过滤。滤液应及时使用，不能及时使用的滤液置冰箱内 0~4℃冷藏备用。

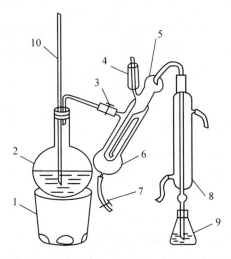

1—电炉；2—水蒸气发生器（2L 烧瓶）；3—螺旋夹；4—小玻杯及棒状玻塞；5—反应室；

6—反应室外层；7—橡胶管及螺旋夹；8—冷凝管；9—蒸馏液接收瓶；10—安全管。

图 2-2　半微量定氮装置

（3）测定：向接收瓶内加入 10ml 硼酸溶液、5 滴混合指示液，并使冷凝管下端插入液面下，准确吸取 10.0ml 滤液，由小玻杯注入反应室，以 10ml 水洗涤小玻杯并使之流入反应室内，随后塞紧棒状玻塞。再向反应室内注入 5ml 氧化镁混悬液，立即将玻塞盖紧，并加水于小玻杯以防漏气。旋紧螺旋夹，开始蒸馏。蒸馏 5min 后移动蒸馏液接收瓶，液面离开冷凝管下端，再蒸馏 1min。然后用少量水冲洗冷凝管下端外部，取下蒸馏液接收瓶。以盐酸或硫酸标准滴定溶液（0.0100mol/L）滴定至终点。使用 1 份甲基红乙醇溶液与 5 份溴甲酚绿乙醇溶液混合指示液，终点颜色至紫红色。使用 2 份甲基红乙醇溶液与 1 份亚甲基蓝乙醇溶液混合指示液，终点颜色至蓝紫色。同时做试剂空白试验。

　　5）分析结果的表述

　　试样中挥发性盐基氮的含量按式（2-1）计算：

$$X = \frac{(V_1 - V_2) \times c \times 14}{m \times (V / V_0)} \times 100 \qquad (2\text{-}1)$$

式中：X——试样中挥发性盐基氮的含量，单位为 mg/100g 或 mg/100ml；

　　　　V_1——试液消耗盐酸或硫酸标准滴定溶液的体积，单位为 ml；

　　　　V_2——试剂空白消耗盐酸或硫酸标准滴定溶液的体积，单位为 ml；

　　　　c——盐酸或硫酸标准滴定溶液的浓度，单位为 mol/L；

14——滴定 1.0ml 盐酸[$c(HCl)=1.000mol/L$]或硫酸[$c(1/2H_2SO_4)=1.000mol/L$]标准滴定溶液相当的氮的质量，单位为 g/mol；

m——试样质量或试样体积，单位为 g 或 ml；

V——准确吸取的滤液体积，单位为 ml，本方法中 $V=10$；

V_0——样液总体积，单位为 ml，本方法中 $V_0=100$；

100——计算结果换算为 mg/100g 或 mg/100ml 的换算系数。

实验结果以重复性条件下获得的 2 次独立测定结果的算术平均值表示，结果保留 3 位有效数字。

6）精密度

在重复性条件下获得的 2 次独立测定结果的绝对差值不得超过算术平均值的 10%。

7）检出限

本法中，当称样量为 20.0g 时，检出限为 0.18mg/100g；当称样量为 10.0g 时，检出限为 0.35mg/100g；液体样品取样 25.0ml 时，检出限为 0.14mg/100ml；液体样品取样 10.0ml 时，检出限为 0.35mg/100ml。

第二法：自动凯氏定氮仪法。

1）试剂和材料

除非另有说明，本方法所用试剂均为分析纯，水为《分析实验室用水规格和试验方法》（GB/T 6682—2008）规定的三级水。

（1）试剂：氧化镁（MgO）、硼酸（H_3BO_3）、盐酸（HCl）或硫酸（H_2SO_4）、甲基红指示剂（$C_{15}H_{15}N_3O_2$）、溴甲酚绿指示剂（$C_{21}H_{14}Br_4O_5S$）、95%乙醇（C_2H_5OH）。

（2）试剂配制：

① 硼酸溶液（20g/L）：称取 20g 硼酸，加水溶解并稀释至 1000ml。

② 盐酸标准滴定溶液（0.1000mol/L）或硫酸标准滴定溶液（0.1000mol/L）：按照 GB/T 601—2016《化学试剂 标准滴定溶液的制备》制备。

③ 甲基红乙醇溶液（1g/L）：称取 0.1g 甲基红，溶于 95%乙醇，用 95%乙醇稀释至 100ml。

④ 溴甲酚绿乙醇溶液（1g/L）：称取 0.1g 溴甲酚绿，溶于 95%乙醇，用 95%乙醇稀释至 100ml。

⑤ 混合指示液：1 份甲基红乙醇溶液与 5 份溴甲酚绿乙醇溶液临用时混合。

2）仪器和设备

天平（感量为 1mg）、搅拌机、自动凯氏定氮仪、蒸馏管（500ml 或 750ml）、吸量管（10.0ml）。

3）分析步骤

（1）仪器设定：

① 标准溶液使用盐酸标准滴定溶液（0.1000mol/L）或硫酸标准滴定溶液

（0.1000mol/L）。

② 对于带自动添加试剂、自动排废功能的自动定氮仪，关闭自动排废、自动加碱和自动加水功能，设定加碱、加水体积为0ml。

③ 硼酸接收液加入量设定为30ml。

④ 蒸馏设定：设定蒸馏时间为180s或蒸馏体积为200ml，以先到者为准。

⑤ 滴定终点设定：采用自动电位滴定方式判断终点的定氮仪，设定滴定终点pH为4.65。采用颜色方式判断终点的定氮仪，使用混合指示液，30ml的硼酸接收液滴加10滴混合指示液。

（2）试样处理：鲜（冻）肉去除皮、脂肪、骨、筋腱，取瘦肉部分，绞碎、搅匀。称取试样10g，精确至0.001g，液体样品吸取10.0ml，于蒸馏管内，加入75ml水，振摇，使试样在样液中分散均匀，浸渍30min后过滤。

（3）测定：

① 按照仪器操作说明书的要求运行仪器，通过清洗、试运行，使仪器进入正常测试运行状态，首先进行试剂空白测定，取得空白值。

② 在装有已处理试样的蒸馏管中加入1g氧化镁，立刻连接到蒸馏器上，按照仪器设定的条件和仪器操作说明书的要求开始测定。

③ 测定完毕及时清洗和疏通加液管路和蒸馏系统。

4）分析结果的表述

试样中挥发性盐基氮的含量按式（2-2）计算：

$$X=\frac{(V_1-V_2)\times c\times 14}{m}\times 100 \qquad (2\text{-}2)$$

式中：X——试样中挥发性盐基氮的含量，单位为mg/100g或mg/100ml；

V_1——试液消耗盐酸或硫酸标准滴定溶液的体积，单位为ml；

V_2——试剂空白消耗盐酸或硫酸标准滴定溶液的体积，单位为ml；

c——盐酸或硫酸标准滴定溶液的浓度，单位为mol/L；

14——滴定1.0ml盐酸[$c(HCl)$＝1.000mol/L]或硫酸[$c(1/2H_2SO_4)$＝1.000mol/L]标准滴定溶液相当的氮的质量，单位为g/mol；

m——试样质量或试样体积，单位为g或ml；

100——计算结果换算为mg/100g或mg/100ml的换算系数。

实验结果以重复性条件下获得的2次独立测定结果的算术平均值表示，结果保留3位有效数字。

5）精密度

在重复性条件下获得的2次独立测定结果的绝对差值不得超过算术平均值的10%。

6）检出限

本法中，当称样量为10.0g时，检出限为0.04mg/100g；液体样品取样10.0ml时，检出限为 0.04mg/100ml。

第三法：微量扩散法。

1）原理

挥发性盐基氮可在 37℃碱性溶液中释出，挥发后吸收于硼酸吸收液中，用标准酸溶液滴定，计算挥发性盐基氮含量。

2）试剂和材料

除非另有说明，本方法所用试剂均为分析纯，水为《分析实验室用水规格和试验方法》（GB/T 6682—2008）规定的三级水。

（1）试剂：硼酸（H_3BO_3）、盐酸（HCl）或硫酸（H_2SO_4）、碳酸钾（K_2CO_3）、阿拉伯胶、甘油（$C_3H_8O_3$）、甲基红指示剂（$C_{15}H_{15}N_3O_2$）、溴甲酚绿指示剂（$C_{21}H_{14}Br_4O_5S$）或亚甲基蓝指示剂（$C_{16}H_{18}ClN_3S \cdot 3H_2O$）、95%乙醇（$C_2H_5OH$）。

（2）试剂配制：

① 硼酸溶液（20g/L）：称取 20g 硼酸，加水溶解后并稀释至 1000ml。

② 盐酸标准滴定溶液（0.0100mol/L）或硫酸标准滴定溶液（0.0100mol/L）：临用前以盐酸标准滴定溶液（0.1000mol/L）或硫酸标准滴定溶液（0.1000mol/L）配制。

③ 饱和碳酸钾溶液：称取 50g 碳酸钾，加 50ml 水，微加热助溶，使用上清液。

④ 水溶性胶：称取 10g 阿拉伯胶，加 10ml 水，再加 5ml 甘油及 5g 碳酸钾，研匀。

⑤ 甲基红乙醇溶液（1g/L）：称取 0.1g 甲基红，溶于 95%乙醇，用 95%乙醇稀释至 100ml。

⑥ 溴甲酚绿乙醇溶液（1g/L）：称取 0.1g 溴甲酚绿，溶于 95%乙醇，用 95%乙醇稀释至 100ml。

⑦ 亚甲基蓝乙醇溶液（1g/L）：称取 0.1g 亚甲基蓝，溶于 95%乙醇，用 95%乙醇稀释至 100ml。

⑧ 混合指示液：1 份甲基红乙醇溶液与 5 份溴甲酚绿乙醇溶液临用时混合，也可用 2 份甲基红乙醇溶液与 1 份亚甲基蓝乙醇溶液临用时混合。

3）仪器和设备

天平（感量为 1mg）、搅拌机、具塞锥形瓶（300ml）、吸量管（1.0ml、10.0ml、25.0ml、50.0ml）、扩散皿（标准型，玻璃质，内外室总直径 61mm，内室直径 35mm；外室深度 10mm，内室深度 5mm；外室壁厚 3mm，内室壁厚 2.5mm，外壁加盖厚玻璃盖，如图 2-3 所示，其他型号也可用）、恒温箱（37℃±1℃）、微量滴定管（10ml，最小分度 0.01ml）。

4）分析步骤

（1）试样处理：鲜（冻）肉去除皮、脂肪、骨、筋腱，取瘦肉部分，绞碎、搅匀。称取试样 10g，精确至 0.001g，液体样品吸取 10.0ml 或 25.0ml，置于具塞锥形瓶中，准确加入 100.0ml 水，不时振摇，试样在样液中分散均匀，浸渍 30min 后过滤，滤液应及

微量扩散法测定挥发性盐基氮

时使用，不能及时使用的滤液置冰箱内 0～4℃冷藏备用。

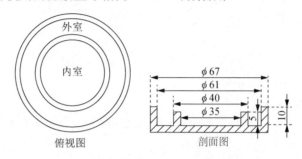

图 2-3　微量扩散皿（标准型）

（2）测定：将水溶性胶涂于扩散皿的边缘，在皿中央内室加入硼酸溶液 1ml 及 1 滴混合指示剂。在皿外室准确加入滤液 1.0ml，盖上磨砂玻璃盖，磨砂玻璃盖的凹口开口处与扩散皿边缘仅留能插入移液器枪头或滴管的缝隙，透过磨砂玻璃盖观察水溶性胶密封是否严密，如有密封不严处，需重新涂抹水溶性胶。然后从缝隙处快速加入 1ml 饱和碳酸钾溶液，立刻平推磨砂玻璃盖，将扩散皿盖严密，于桌子上以圆周运动方式轻轻转动，使样液和饱和碳酸钾溶液充分混合，然后于 37℃±1℃温箱内放置 2h，放凉至室温，揭去盖，用盐酸或硫酸标准滴定溶液（0.0100mol/L）滴定。使用 1 份甲基红乙醇溶液与 5 份溴甲酚绿乙醇溶液混合指示液，终点颜色至紫红色。使用 2 份甲基红乙醇溶液与 1 份亚甲基蓝乙醇溶液混合指示液，终点颜色至蓝紫色。同时做试剂空白试验。

5）分析结果的表述

试样中挥发性盐基氮的含量按式（2-3）计算：

$$X = \frac{(V_1 - V_2) \times c \times 14}{m \times (V / V_0)} \times 100 \tag{2-3}$$

式中：X——试样中挥发性盐基氮的含量，单位为 mg/100g 或 mg/100ml；

　　　V_1——试液消耗盐酸或硫酸标准滴定溶液的体积，单位为 ml；

　　　V_2——试剂空白消耗盐酸或硫酸标准滴定溶液的体积，单位为 ml；

　　　c——盐酸或硫酸标准滴定溶液的浓度，单位为 mol/L；

　　　14——滴定 1.0ml 盐酸[$c(HCl)=1.000$mol/L]或硫酸[$c(1/2\ H_2SO_4)=1.000$mol/L]标准滴定溶液相当的氮的质量，单位为 g/mol；

　　　m——试样质量或试样体积，单位为 g 或 ml；

　　　V——准确吸取的滤液体积，单位为 ml，本方法中 $V=1$；

　　　V_0——样液总体积，单位为 ml，本方法中 $V_0=100$；

　　　100——计算结果换算为 mg/100g 或 mg/100ml 的换算系数。

实验结果以重复性条件下获得的 2 次独立测定结果的算术平均值表示，结果保留 3 位有效数字。

6）精密度

在重复性条件下获得的 2 次独立测定结果的绝对差值不得超过算术平均值的 10%。

7）检出限

本法中，当称样量为 20.0g 时，检出限为 1.75mg/100g；当称样量为 10.0g 时，检出限为 3.50mg/100g；液体样品取样 25.0ml 时，检出限为 1.40mg/100ml；液体样品取样 10.0ml 时，检出限为 3.50mg/100ml。

三、完成检验记录单

根据所学知识进行原料肉的理化检验，并完成评定记录单（表 2-14）。

表 2-14　原料肉理化检验评定记录单

任务	检验记录	备注
知识掌握	小组制作肉的化学组成的 PPT 汇报提纲： 根据肉的化学组成重点知识编写考题：	
检验方案的制订	检验器具： 检验指标： 检验过程：	
检验结果	爱氏试剂法：	
	纳斯勒氏试剂反应：	
	球蛋白沉淀反应：	
	pH 的测定：	
	硫化氢的测定：	
	过氧化氢酶法：	
	挥发性盐基氮的测定：	

课后习题

一、填空题

1．水在肉中存在的形式有 3 种，即_____、不易流动水和_____。

2．脂肪在肉类的品质鉴定中是仅次于肌肉组织的另一个重要组织，对肉的食用品质特性影响很大，肌肉内脂肪的多少直接影响到肉的_____和嫩度，也在一定程度上决定了肉的_____。

3．肌原纤维蛋白占肌肉蛋白质总量的 40%～60%，它主要包括_____、_____、_____和 2～3 种调节性结构蛋白质。

4．构成畜禽的脂肪组织为中性脂肪，即_____。

5．肉的浸出物是指除蛋白质、盐类、维生素外能溶解于水的可浸出性物质，包括_____和无氮浸出物两大类。

6．基质蛋白质是构成肌内膜、_____和_____的主要成分，包括胶原蛋白、弹性蛋白、网状蛋白及黏蛋白等。

7．动物的脂肪可分为_____和_____两大类。

二、多项选择题

1．肉在加工过程中产生特殊的风味，其产生途径有（　　）。

A．美拉德反应　　　B．脂质氧化　　　　C．硫胺素降解　　　　D．腌肉风味

2．肌肉中的蛋白质约占 20%，从结构上可以分为 3 类，它们是（　　）。

A．肌原纤维蛋白　　B．肌浆蛋白　　　　C．结缔组织蛋白

D．胶原蛋白　　　　E．血浆蛋白

3．水是肉中含量最多的成分，在肉中存在的方式有（　　）。

A．自由水　　　　　B．结合水　　　　　C．水蒸气的冷凝水

D．肉汤　　　　　　E．不易流动的水

三、判断题

1．肉中水分存在的形式大致可分为结合水和自由水。　　　　　　　　　（　　）

2．肉中含有多种维生素，其中水溶性维生素 D 族含量丰富。　　　　　（　　）

3．水分是肉中含量最多的成分，在肉中的含量与很多因素有关，所以肉的含水量不同。　　　　　　　　　　　　　　　　　　　　　　　　　　　　　　　（　　）

4．对畜禽的饲养时间越长，营养状况越好，其机体组织中的脂肪含量越高。

（　　）

5．不易流动水主要存在于细胞、肌原纤维及膜之间，主要用于度量肌肉保水性。

（　　）

参考答案

四、简答题

简述影响肉化学成分的因素。

任务四　原料肉的卫生检验

◎ 具体任务

根据教师提供的学习资料和网络教学资源，小组同学自学原料肉卫生检验的基础知识，在教师的指导下完成学习汇报 PPT。制订原料肉卫生检验的方案，按照肉制品生产企业的规范操作，完成对原料肉的卫生检验。

◎ 任务准备

各组学生分别完成如下准备工作：

（1）根据教师提供的资料和网络教学资源，通过自学方式掌握原料肉成熟与变质的基础知识。

（2）根据学习资料拟定汇报提纲。

（3）根据教师和同学的建议修改汇报提纲，制作汇报 PPT。

（4）按照汇报提纲进行学习汇报。

（5）根据肉成熟与变质的基础知识，制订原料肉卫生检验的方案。

（6）根据教师和同学的建议修改原料肉卫生检验的方案。

（7）按照制订的原料肉卫生检验的方案独立完成检验任务、填写评定记录单。

◎ 任务目标

（1）能够流利讲解肉的成熟过程、成熟过程发生的变化及影响因素。

（2）能够运用食品微生物检测相关知识和技能对原料肉进行菌落总数的检测。

（3）能够运用微生物学的相关知识对原料肉进行微生物镜检观察。

（4）能够根据提供的相关知识对原料肉进行旋毛虫的检测。

畜禽屠宰后，胴体的肌肉内部在组织酶和外界微生物的作用下会发生一系列生化变化。畜禽刚屠宰后，肉温还没有散失，柔软且具有较小的弹性，这种处于生鲜状态的肉称为热鲜肉。经过一定时间，肉的伸展性消失，胴体变为僵硬状态，这种现象称为死后僵直。此时加热不易煮熟，保水性差，加热后质量损失大，不适于加工肉制品。随着储藏时间的延长，僵直缓解，经过自身解僵，肉变得柔软，同时保水性增加，风味提高，此过程称为肉的成熟。成熟肉在不良条件下储存，经酶和微生物的作用分解变质的过程称为肉的腐败。畜禽屠宰后肉的变化包括尸僵、成熟、腐败等。在肉品工业生产中，要控制尸僵、促进成熟、防止腐败。

一、尸僵

1. 尸僵的概念

尸僵指畜禽屠宰后肉的伸展性逐渐消失，由弛缓变为紧张，失去光泽，关节不能活动，呈现僵硬状态。

2. 尸僵发生的原因

尸僵发生的原因主要是 ATP 的减少及 pH 的下降。畜禽屠宰后，呼吸停止，失去神经调节，生理代谢机能遭到破坏，维持肌质网微小器官机能的 ATP 水平降低，势必使肌质网机能失常，肌小胞体失去钙泵作用，Ca^{2+} 失控逸出而不被收回。高浓度 Ca^{2+} 激发了肌球蛋白 ATP 酶的活性，从而加速 ATP 的分解。同时使 Mg-ATP 解离，最终使肌动蛋白与肌球蛋白结合形成肌动球蛋白，引起肌肉的收缩，表现为僵硬。畜禽死后呼吸停止，在缺氧情况下糖原酵解产生乳酸，同时磷酸肌酸分解为磷酸，酸性产物的蓄积使肉的 pH 下降。尸僵时肉的 pH 降低至糖酵解酶活性消失不再继续下降时，达到最终 pH 或极限 pH。极限 pH 越低，肉的硬度越大。

3. 尸僵肉的特征

处于僵硬期的肉，肌纤维粗糙硬固，肉汁变得不透明，有令人不愉快的气味，食用价值及滋味都较差。尸僵的肉硬度大，加盐时不易煮熟，肉汁流失多，缺乏风味，不具备可食肉的特征。

4. 尸僵开始和持续的时间

尸僵开始和持续的时间因动物的种类、品种、宰前状况、宰后肉的变化及不同部位而异。一般哺乳动物发生较晚，鱼类肉尸发生早；不放血致死较放血致死发生早；温度高发生得早，持续时间短；温度低则发生得晚，持续时间长。表 2-15 为不同动物尸僵开始和持续的时间。

表 2-15　不同动物尸僵开始和持续的时间 单位：h

名称	开始时间	持续时间
牛肉尸	死后 10	15～24
猪肉尸	死后 8	72

续表

名称	开始时间	持续时间
鸡肉尸	死后 2.5～4.5	6～12
兔肉尸	死后 1.5～4	4～10
鱼肉尸	死后 0.1～0.2	2

二、肉的成熟

肉达到最大尸僵以后即开始解僵软化进入成熟阶段。

1. 肉成熟的概念

肉成熟是指肉僵直后在无氧酵解酶作用下，食用质量得到改善的一种生物化学变化过程。肉僵硬过后，肌肉开始柔软嫩化，变得有弹性，切面富水分，具有令人愉快的香气和滋味，且易于煮烂和咀嚼，这种肉称为成熟肉。

2. 成熟的基本机制

肉在成熟期间，肌原纤维和结缔组织的结构发生明显的变化。

1）肌原纤维小片化

刚屠宰后的肌原纤维和活体肌肉一样，呈 10～100 个肌节相连的长纤维状，而在肉成熟时则断裂为 1～4 个肌节相连的小片状。

2）结缔组织的变化

肌肉中结缔组织的含量虽然很低（占总蛋白的 5%以下），但是其性质稳定、结构特殊，在维持肉的弹性和强度上起着非常重要的作用。在肉的成熟过程中，胶原纤维的网状结构变松弛，由规则、致密的结构变成无序、松散的状态。同时，存在于胶原纤维间及胶原纤维上的黏多糖被分解，这可能是造成胶原纤维结构变化的主要原因。胶原纤维结构的变化，直接导致了胶原纤维剪切力的下降，从而使整个肌肉的嫩度得以改善。

3. 成熟肉的特征

成熟肉呈酸性环境；肉的横切面有肉汁流出，切面潮湿，具有芳香味和微酸味，容易煮烂，肉汤澄清透明，具肉香味；肉表面形成干膜，有羊皮纸样感觉，可防止微生物的侵入和减少干耗。肉在供食用之前，原则上都需要经过成熟过程来改进其品质，特别是牛肉和羊肉，成熟对改善风味是非常必要的。

4. 成熟对肉质的作用

1）嫩度的改善

随着肉成熟的发展，肉的嫩度发生显著的变化。刚屠宰之后肉的嫩度最好，在极限 pH 时嫩度最差。成熟肉的嫩度有所改善。

2）保水性的提高

肉在成熟时，保水性又有回升。一般宰后 2～4d，pH 下降，极限 pH 在 5.5 左右，此时水合率为 40%～50%；最大尸僵期以后 pH 为 5.6～5.8，水合率可达 60%。因此成熟时 pH 偏离了等电点，肌动球蛋白解离，扩大了空间结构和极性吸引，使肉的吸水能力增强，肉汁的流失减少。

3）蛋白质的变化

肉成熟时，肌肉中许多酶类对某些蛋白质有一定的分解作用，从而促使成熟过程肌肉中盐溶性蛋白质的浸出性增加。伴随肉的成熟，蛋白质在酶的作用下，肽链解离，使游离的氨基增多，肉水合力增强，变得柔嫩多汁。

4）风味的变化

成熟过程中改善肉风味的物质主要有两类，一类是 ATP 的降解物——次黄嘌呤核苷酸（IMP），另一类则是组织蛋白酶类的水解产物——氨基酸。随着成熟，肉中浸出物和游离氨基酸的含量增加，多种游离氨基酸存在，其中谷氨酸、精氨酸、亮氨酸、缬氨酸和甘氨酸较多，这些氨基酸都具有增加肉的滋味或改善肉质、香气的作用。

5. 成熟的温度和时间

原料肉成熟方法不同，肉品质量也不同（表 2-16）。

表 2-16　成熟方法与肉品质量的关系

成熟方法			肉品质量	
0～4℃	低温成熟	时间长	肉质好	耐储藏
7～20℃	中温成熟	时间较短	肉质一般	不耐储藏
>20℃	高温成熟	时间短	劣化	易腐败

通常在 1℃、硬度消失 80% 的情况下，成年牛肉成熟需 5～10d，猪肉成熟需 4～6d，马肉成熟需 3～5d，鸡肉成熟需 1/2～1d，羊肉和兔肉成熟需 8～9d。

成熟的时间越长，肉越柔软，但风味并不相应地增强。牛肉以 1℃、11d 成熟为最佳；猪肉由于不饱和脂肪酸较多，成熟时间长易致氧化，使风味变劣。羊肉因自然硬度（结缔组织含量）小，通常采用 2～3d 成熟。

6. 影响肉成熟的因素

1）物理因素

（1）温度。温度对嫩化速度影响很大，它们之间呈正相关，在 0～40℃ 范围内，每增加 10℃，嫩化速度提高 2.5 倍。当温度高于 60℃ 后，由于有关酶类蛋白变性，嫩化速度迅速下降，所以加热烹调就中断了肉的嫩化过程。据测试，牛肉在 1℃ 完成 80% 的嫩化需 10d，在 10℃ 缩短到 4d，而在 20℃ 只需要 1.5d。在卫生条件好的环境中，适当提高温度可以缩短成熟期。

（2）电刺激。在肌肉僵直发生后进行电刺激可以加速僵直发展，嫩化也随之提前，从而缩短成熟所需要的时间。如一般需要成熟 10d 的牛肉，应用电刺激后则只需 5d。

（3）机械作用。肉成熟时，将跟腱用钩挂起，此时主要是腰大肌受牵引。如果将臀部用钩挂起，不但腰大肌短缩被抑制，而且半腱肌、半膜肌、背最长肌均受到拉伸作用，可以得到较好的嫩度。

2）化学因素

宰前注射肾上腺素、胰岛素等使动物在活体时加快糖的代谢过程，肌肉中大部分糖原被消耗或从血液排出。宰后肌肉中糖原和乳酸含量减少，肉的 pH 较高（6.4～6.9），肉始终保持柔软状态。

3）生物学因素

基于肉内蛋白酶活性可以促进肉质软化考虑，采用添加蛋白酶的方法强制其软化。用微生物和植物酶可使肉的固有硬度和尸僵硬度都减小，常用的是木瓜酶。可以采用宰前静脉注射或宰后肌肉注射的方法，宰前注射能够避免动物脏器损伤和休克死亡。木瓜酶作用的最适温度不低于 50℃，低温时也有作用。

三、肉的变质

1. 变质的概念

肉类的变质是成熟过程的继续。肌肉中的蛋白质在组织酶的作用下，分解生成水溶性蛋白肽及氨基酸，从而完成了肉的成熟。若成熟继续进行，蛋白质进一步水解，生成胺、氨、硫化氢、酚、吲哚、粪臭素、硫醇，则发生蛋白质的腐败。同时发生脂肪的酸败和糖的酵解，产生对人体有害的物质，称为肉的变质。

2. 变质的原因

健康动物的血液和肌肉通常是无菌的，肉类的腐败实际上是由外界污染的微生物在其表面繁殖所致。表面微生物沿血管进入肉的内层，进而深入肌肉组织。在适宜条件下，浸入肉中的微生物大量繁殖，以各种各样的方式对肉作用，产生许多对人体有害、甚至使人中毒的代谢产物。

1）微生物对糖类的作用

许多微生物均优先利用糖类作为其生长的能源。好气性微生物在肉表面生长，通常把糖完全氧化成二氧化碳和水。如果氧的供应受阻或因其他原因氧化不完全，则可有一定程度的有机酸积累，肉的酸味即由此而来。

2）微生物对脂肪的腐败作用

微生物对脂肪可进行两类酶促反应：一是由其所分泌的脂肪酶分解脂肪，产生游离脂肪酸和甘油。霉菌及细菌中的假单胞菌属、无色菌属、沙门氏菌属等都是能产生脂肪分解酶的微生物。二则是由氧化酶通过β-氧化作用氧化脂肪酸。这些反应的某些产物常被认为是酸败气味和滋味的来源。但是，肉和肉制品中严重的酸败问题不是由微生物引起的,而是空气中的氧在光线、温度及金属离子催化下进行氧化的结果。

3)微生物对蛋白质的腐败作用

微生物对蛋白质的腐败作用是各种食品变质中最复杂的一种,这与天然蛋白质复杂的结构,以及腐败微生物的多样性密切相关。有些微生物,如梭状芽孢菌属、变形杆菌属和假单胞菌属的某些种类,以及其他的种类,可分泌蛋白质水解酶,迅速把蛋白质水解成可溶性的多肽和氨基酸。而另一些微生物尚可分泌水解明胶和胶原的明胶酶及胶原酶,以及水解弹性蛋白质和角蛋白质的弹性蛋白酶和角蛋白酶。有许多微生物不能作用于蛋白质,但能对游离氨基酸及低肽起作用,将氨基酸氧化脱氨生成胺和相应的酮酸。另一种途径则是使氨基酸脱去羧基,生成相应的胺。此外,有些微生物尚可使某些氨基酸分解,产生吲哚、甲基吲哚、甲胺和硫化氢等。在蛋白质、氨基酸的分解代谢中,酪胺、尸胺、腐胺、组胺和吲哚等对人体有毒,而吲哚、甲基吲哚、甲胺、硫化氢等则具恶臭,是肉类变质的臭味之所在。

3. 影响肉变质的因素

影响肉腐败变质的因素很多,如温度、湿度、pH、渗透压、空气中的含氧量等。温度是决定微生物生长繁殖的重要因素,温度越高,繁殖发育越快。湿度是仅次于温度的决定肉制品微生物生长繁殖的因素,一般霉菌和酵母菌比细菌耐受较高的渗透压。pH对细菌的繁殖极为重要,所以肉的最终pH对防止肉的腐败具有十分重要的意义。空气中含氧量越高,肉的氧化速度加快,越易腐败变质。

任务实施

原料肉的卫生检验

一、原料肉的微生物镜检

1. 要点

通过镜检掌握肉新鲜度的细菌学判定方法。

2. 相关器材

显微镜、载玻片、剪子、镊子等。

3. 工作过程

1)检样采取

从肉尸的不同部位采取3份检样,每份重约200g,并尽可能采取立方体的肉块。

整个肉尸或半肉尸分别从下列部位采样:①相当于第四、第五颈椎的颈部肌肉;②肩胛部的表层肌肉;③股部的深层肌肉。

1/4的肉尸或部分肉块应从可疑的,特别是有感官变化的部位或其他正常部位采样。

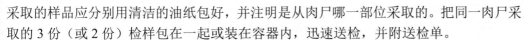

采取的样品应分别用清洁的油纸包好，并注明是从肉尸哪一部位采取的。把同一肉尸采取的3份（或2份）检样包在一起或装在容器内，迅速送检，并附送检单。

实验室对采自同一肉尸的3个检样，应分别进行同样的化验。

2）细菌学镜检

一般仅对肩胛部和股部采取的检样进行细菌学镜检。

（1）触片制作：用灭菌的剪子和镊子，取肩胛部检样，肉表层剪取约 $1cm^2$ 大小的肉片，以小肉片的新切面在清洁的载玻片触压下做成触片，在空气中自然干燥，经火焰固定后，用革兰氏染色法染色后待检。另以同样的方法从股部肌肉的中、深层取样制作触片。

（2）镜检：每张触片各做5个视野以上的检查，并分别记录每个视野中所见到的球菌、杆菌的数目，然后分别累计全部视野中的球菌和杆菌数，求出其平均数。肩胛部检样触片上的细菌数代表肉尸表层肌肉染菌情况，股部肌肉触片上的细菌数代表肉尸深层肌肉染菌情况。

3）判定标准

（1）新鲜肉：触片上几乎不留肉的痕迹，着色不明显。表层肉触片上可看到少数的球菌和杆菌，深层肉触片上无菌。

（2）次鲜肉：印迹着色良好，表层可见到 20～30 个球菌和少数杆菌，深层可发现 20 个左右细菌，触片上可明显地看到分解的肉组织。

（3）变质肉：肌肉组织有明显的分解标志，触片标本高度着染，表层和深层的平均菌数皆超过 30 个，其中以杆菌为主；当肉严重腐败时，组织呈现高度的分解状态，触片着染更重，表层与深层触片视野中球菌几乎全部消失，杆菌代替球菌占优势地位；腐败严重时一个视野可以发现上百个杆菌，甚至难以计数。

二、原料肉的旋毛虫检验

1. 要点

（1）掌握肌肉旋毛虫压片镜检法的操作方法。

（2）掌握旋毛虫病肉的处理方法。

2. 原料和用具

（1）材料：被检肉品。

（2）器材：载玻片、剪刀、镊子、天平、显微镜。

（3）试剂：50%甘油水溶液、10%稀盐酸。

3. 工作过程

（1）采样：自胴体左右两侧横膈膜的膈肌脚，各采膈肌1块（与胴体编成相同号码），每块肉样不少于 20g，记为一份肉样，送至检验台检查。如果被检样品为部分胴体，则

肉制品生产技术

可从肋间肌、腰肌、咬肌等处采样。

（2）肉眼检查：撕去被检样品肌膜，将肌肉拉平，在良好的光线下仔细检查表面有无可疑的旋毛虫病灶。未钙化的包囊呈露滴状，半透明，细针尖大小，较肌肉的色泽淡；随着包囊形成时间的延长，色泽逐步变深而呈乳白色、灰白色或黄白色。若见可疑病灶，应做好记录并告知总检将可疑肉尸隔离，待压片镜检后做出处理决定。

（3）制片：取清洁载玻片1块放于检验台上，并尽量靠近检验者。用镊子夹住肉样顺着肌纤维方向将可疑部分剪下。如果无可疑病灶，则顺着肌纤维方向在肉块的不同部位剪取12个麦粒大小的肉粒（2块肉样共剪取24个小肉粒）。将剪下的肉粒依次均匀地附贴于载玻片上且排成两行，每行6粒。然后，再取一片清洁盖玻片放在肉粒的载玻片上，并捏住两端轻轻加压，把肉粒压成很薄的薄片，以能通过肉片标本看清下面报纸上的小字为标准。另一块膈肌按上法制作，两片压片标本为一组进行镜检。

（4）镜检：把压片标本放在低倍（4×10）显微镜下，从压片的一端第一块肉片处开始，顺肌纤维依次检查。镜检时应注意光线的强弱及检查速度，切勿漏检。

（5）结果判定：

① 没有形成包囊的幼虫。在肌纤维之间呈直杆状或逐渐蜷曲状态，但有时因标本压得太紧，可使虫体挤入压出的肌浆中。

② 包囊形成期的旋毛虫。在淡黄色背景上，可看到发光透明的圆形或椭圆形物。包囊的内外两层主要由均质透明蛋白质和结缔组织组成，囊中央是蜷曲的虫体。成熟的包囊位于相邻肌细胞所形成的梭形肌腔内。

③ 发生机化现象的旋毛虫。虫体未形成包囊以前，包围虫体的肉芽组织逐渐增厚、变大，形成纺锤形、椭圆形或圆形的肉芽肿。被包围的虫体有的结构完整，有的破碎甚至完全消失。虫体形成包囊后的机化，其病理过程与上述相似。由于机化灶透明度较差，需用50%甘油水溶液作透明处理，即在肉粒上滴加数滴50%甘油水溶液，数分钟后，肉片变得透明，再覆盖盖玻片压紧观察。

④ 钙化的旋毛虫。在包囊内可见数量不等、浓淡不均的黑色钙化物，包囊周围有大量结缔组织增生。由于钙化的不同发展过程，有时可能看到下列变化：包囊内有不透明黑色钙盐颗粒沉着；钙盐在包囊腔两端沉着，逐渐向包囊中间扩展；钙盐沉积于整个包囊腔，并波及虫体，尚可见到模糊不清的虫体或虫体全部被钙盐覆盖。此外，在镜检中有时也能见到由虫体开始钙化逐渐扩展到包囊的钙化过程（多数是由于虫体死亡后而引起的钙化）。发现钙化旋毛虫时，可以进行脱钙处理，即滴加10%稀盐酸将钙盐溶解，之后可见到虫体及其痕迹，与包囊毗邻的肌纤维变性，横纹消失。

⑤ 鉴别诊断。在旋毛虫检验时，往往会发现住肉孢子虫和发育不完全的囊尾蚴，虫体典型者，容易辨认，如发生钙化、死亡或溶解现象，则容易混淆。

三、完成检验记录单

根据所学知识进行原料肉的卫生检验，并及时完成评定记录单（表2-17）。

表 2-17 原料肉卫生检验评定记录单

任务	检验记录	备注
知识掌握	小组制作关于肉的成熟及变质的 PPT 汇报提纲： 根据肉的成熟及变质重点知识编写考题：	
检验方案的制订	检验器具： 检验指标： 检验过程：	
检验结果	微生物镜检： 旋毛虫检测：	

课后习题

一、填空题

1. 畜禽屠宰后肌肉发生的化学变化经历了_____、_____和_____。

2. 畜禽在屠宰以后肌肉内发生的变化主要包括_____和_____。

3. 家畜屠宰以后肌肉的 pH 下降是肌糖原的无氧酵解产生的_____和 ATP 分解产生_____造成的结果。

4. 食品腐败变质的过程主要是_____繁殖产生各种分解酶，使食品中的_____被分解成有毒有害物质的结果。

5. 肉类在腐败变质时，常常在肉的表面产生明显的感官变化，这些变化表现出_____、变色、_____和变味等一些特点。

二、判断题

1. 在引起腐败的微生物中，大多数是好气性的，因而利用低氧、高二氧化碳的调节气体体系，可以对肉类进行保鲜处理，延长储藏期。   （   ）

2. 尸僵发生的主要原因是 ATP 的减少及 pH 的下降。   （   ）

三、简答题

参考答案

1. 简述畜禽在屠宰以后其肌肉变酸（即 pH 下降）的原因。
2. 简述尸僵肉的特征。
3. 影响肉成熟的因素有哪些？
4. 简述成熟肉的特征。
5. 影响肉变质的因素有哪些？

项目三　肉制品加工辅料的检验与选择

在肉制品加工中，为满足不同消费者的需求，往往要加入一些食品添加剂、调味料、香辛料等辅料物质，以改善和提高产品的色泽、香味、味道、组织状态、嫩度和保水性等特征，从而提高肉制品的品质。但如果加入的这些辅料品质不佳或选择错误，反而会破坏产品的风味口感，甚至造成产品质量不合格。因此，有必要对肉制品加工中常用的辅料进行正确的选择和感官检验，以确保产品质量。

任务一　调味料的入厂检验

具体任务

根据教师提供的学习资料和网络教学资源，小组同学自学调味料的基础知识，在教师的指导下完成学习汇报PPT。按照食品安全国家标准中的相关文件，制订常用调味料的入厂检验方案，对肉制品加工中常用的调味料进行感官检验，并能正确填写检验报告单。

任务准备

各组学生分别完成如下准备工作：
（1）根据教师提供的资料和网络教学资源，通过自学方式掌握调味料的基础知识。
（2）根据学习资料拟定汇报提纲。
（3）根据教师和同学的建议修改汇报提纲，制作汇报PPT。
（4）按照汇报提纲进行学习汇报。
（5）根据调味料的基础知识，制订调味料入厂检验的方案。
（6）根据教师和同学的建议修改调味料入厂检验的方案。
（7）按照制订的调味料入厂检验的方案独立完成检验任务、填写检验报告单。

任务目标

（1）能够流利讲解常用调味料的性状及在肉制品加工中的作用。

（2）能够按照食品安全国家标准，判定食盐的质量等级。

（3）能够按照食品安全国家标准，判定酱油的质量等级。

（4）能够按照食品安全国家标准，判定蔗糖的质量等级。

（5）能够按照食品安全国家标准，判定食醋的质量等级。

（6）能够按照食品安全国家标准，判定味精的质量等级。

（7）能够按照食品安全国家标准，判定料酒的质量等级。

知识准备

在肉制品加工中，凡能突出肉制品口味，赋予肉制品独特香味和口感的物质统称为调味料。广义调味料一般包括咸味料、甜味料、酸味料和鲜味料，赋予肉制品咸、甜、酸、鲜等风味，如食盐、蔗糖、食醋、味精等。

一、咸味料

1. 食盐

食盐素有"百味之王"的美称，其主要成分为氯化钠，精制食盐中氯化钠含量在97%以上。正常食盐的感官特征应为白色、味咸、无异味（如苦味、涩味等）、无明显的与盐无关的外来异物。在肉制品加工中，食盐具有调味、防腐保鲜、提高保水性和黏着性等作用。

2. 酱油

酱油是肉制品加工中重要的咸味调味料，是一种富含多种氨基酸，营养价值较高，并具有独特风味和色泽的调味品。酱油按生产工艺分为酿造酱油和配制酱油，而在肉制品加工中常用酿造酱油。正常的酿造酱油应为红褐色、有光泽；有酱香味、无不良气味；味道鲜美、鲜咸适口；体态澄清（无浑浊、沉淀、霉花、浮膜等）。酿造酱油中氨基酸态氮的含量应至少在 0.40g/100ml 以上。

酱油在肉制品加工中的作用主要包括：①赋味，提供咸味和鲜味；②增色，配合糖类使用使产品具有美观的酱红色；③增香，赋予产品特殊的酱香气味；④除腥腻，酱油中少量的乙醇和乙酸等具有解除腥腻的作用；⑤在香肠等制品中酱油还有促进成熟发酵的作用。

3. 黄酱

黄酱根据水分及磨碎程度分为干黄酱、稀黄酱、豆瓣酱。黄酱是用大豆、面粉、食盐等为原料，经发酵制成的调味品。其味咸香，色黄褐，有光泽，呈泥糊状，氯化钠含量在 12% 以上，氨基酸态氮含量在 0.6g/100ml 以上。黄酱中还含有糖类、脂肪、酶、维生素 B_1、维生素 B_2 和钙、磷、铁等矿物质。

黄酱是食品加工中常用的咸味调料，而且有良好的提香增鲜、除腥清异的效果。因此，黄酱在肉制品加工中得到了广泛的使用。

二、甜味料

1. 蔗糖

蔗糖是肉制品加工中经常使用的甜味剂，是一种天然甜味剂，根据纯度的不同分为冰糖、白砂糖、绵白糖和赤砂糖。肉制品加工中通常使用白砂糖。纯正的白砂糖是色泽白亮、甜味纯正、含蔗糖 95% 以上的结晶体。

肉制品中添加少量的蔗糖可以改善产品的滋味，缓冲咸味，并能促进胶原蛋白的膨胀和松弛，使肉质松软、色泽良好。

2. 饴糖

饴糖主要是由麦芽糖（50%）、葡萄糖（20%）、糊精（30%）组成的混合物，味甜爽口，有吸湿性和黏性。在肉制品加工中，它常用作烧烤、酱卤和油炸制品的增色剂和甜味剂。

3. 蜂蜜

蜂蜜是呈白色或不同程度的黄褐色、透明或半透明的浓稠液状物。蜂蜜营养价值很高，其中含葡萄糖（42%）、果糖（35%）、蔗糖（20%）、蛋白质（0.3%）、芳香物质、无机盐和多种维生素等。

蜂蜜甜味纯正，是肉制品加工中常用的甜味料。蜂蜜在肉制品加工中主要起提高风味、增香、增色、增加光亮度及增加营养的作用。先将蜂蜜涂在产品表面，再淋油或油炸，是重要的赋色工序。

4. 葡萄糖

葡萄糖为白色晶体或粉末，甜度为蔗糖的 65%~75%，其甜味有凉爽之感，适合食用。葡萄糖加热后逐渐变为褐色，温度在熔点以上（一般是 140~170℃）时，则生成焦糖。

在肉制品加工中，葡萄糖除作为甜味料使用外，还可形成乳酸，有助于胶原蛋白的膨胀和疏松，从而使肉制品柔软。另外，葡萄糖的保色作用比蔗糖好，加入葡萄糖的生肉可有效防止肉切碎后发生褐变。在发酵肉制品中，葡萄糖一般作为微生物发酵用的主要碳源。

三、酸味料

1. 食醋

食醋是以粮食为原料经醋酸菌发酵酿制而成的。其感官特征为具有正常食醋的色泽、气味和滋味，不涩，无其他不良气味与异味，无浮物，不浑浊，无沉淀，无异物，无醋鳗、醋虱。食醋的总酸度（以乙酸计）要求在 3.50g/100ml 以上。

食醋在肉制品加工中的作用包括：①调味，食醋与糖可以调配出一种很适口的甜酸味，即糖醋味，如糖醋排骨、糖醋咕噜肉等；②去腥，在肉制品加工中适量添加食醋，可去除腥味，尤其是鱼肉原料；③调香，在制作某些肉制品时加入一定量的食醋与其中的黄酒或白酒发生酯化反应可产生特殊的风味物质。

2. 柠檬酸

柠檬酸为无色透明结晶或白色粉末，无臭，有强烈酸味。在食品加工中，柠檬酸通常作为调味剂、防腐剂、酸度调节剂及抗氧化剂的增效剂。

用柠檬酸处理的腊肉、香肠和火腿具有较强的抗氧化能力。柠檬酸还有降低肉制品pH 的作用。在 pH 较低的情况下，亚硝酸盐分解得快且彻底，这对于香肠变红有良好的辅助作用。但 pH 的下降对于肉制品的持水性是不利的。因此，国外已开始在某些混合添加剂中使用糖衣柠檬酸。加热时糖衣溶解，释放出有效的柠檬酸，而不影响肉制品的品质。

四、鲜味料

1. 味精

味精学名为谷氨酸钠，为白色结晶或粉末，水溶液无色；无特殊气味，具有强烈的鲜味，略有甜味或咸味。

味精按其功能可分为强力味精、复合味精、营养强化型味精。其因具有明显的增鲜作用，在肉制品加工中被广泛使用。

（1）强力味精：主要作用是强化味精鲜味，使鲜味更丰厚、圆润，从而增强肉类鲜味。

（2）复合味精：可直接作为清汤和浓汤的调味料。由于有香料的增香作用，因此用复合味精进行调味的肉汤其肉香味很醇厚。

（3）营养强化型味精：为了更好地满足人体生理的需要，在普通味精中添加了某些营养素，如赖氨酸味精、维生素 A 强化味精、低钠味精等。

2. 氨基乙酸

氨基乙酸又名甘氨酸，为白色结晶或晶体粉末，无臭，有特殊甜味，水溶液呈酸性（pH 为 5.5～7.0）。甘氨酸是一种纯蛋白质氨基酸，氨基酸态氮含量高达 18g/100ml，在肉制品加工中使用不但有增鲜作用，还可以改善肉制品的口感。其在熟肉制品中最大使用量为3.0g/kg。

五、料酒

料酒也称黄酒，是我国人民酿造饮用最早的一种低度酒，也是世界上最古老的酒精饮品之一。黄酒色泽为淡黄色至深褐色，清亮透明，具有黄酒特有的醇香味，酒精度一般为 14°～20°，属于低度酿造酒。

料酒是中式肉制品加工中常用的一种调味料，可以除去膻味、腥味和异味，并有一定的杀菌、防腐作用，赋予肉制品特有的醇香味。在生产腊肠、酱卤等肉制品时，料酒是必不可少的调味料。

调味料的入厂检验

一、要点

按照食品安全国家标准中的相关文件，能够鉴别出质量合格的食盐、酱油、蔗糖、食醋、味精、料酒。

二、相关材料

食盐、酱油、蔗糖、食醋、味精、料酒。

三、工作过程

（1）食盐：按照食品安全国家标准中的相关文件，对食盐的感官指标进行检验。
（2）酱油：按照食品安全国家标准中的相关文件，对酱油的感官指标进行检验。
（3）蔗糖：按照食品安全国家标准中的相关文件，对蔗糖的感官指标进行检验。
（4）食醋：按照食品安全国家标准中的相关文件，对食醋的感官指标进行检验。
（5）味精：按照食品安全国家标准中的相关文件，对味精的感官指标进行检验。
（6）料酒：按照食品安全国家标准中的相关文件，对料酒的感官指标进行检验。

四、完成检验报告单

根据检验结果完成调味料入厂检验报告单（表 3-1）。

表 3-1　调味料入厂检验报告单

检验日期：　　　　　　　　　　　　　　　检验人员：

检验项目	检验结果
食盐	
酱油	
蔗糖	
食醋	
味精	
料酒	

备注：

课后习题

一、填空题

黄酱根据水分及磨碎程度分为_____、稀黄酱和_____。

二、多项选择题

1. 肉制品加工中，调味料通常包括（　　）。
A. 咸味料和甜味料　　　　　　　　B. 料酒
C. 酸味料　　　　　　　　　　　　D. 鲜味料
2. 肉制品加工中，有去除腥味作用的是（　　）。
A. 黄酒　　　　　B. 白酒　　　　　C. 食醋　　　　　D. 蔗糖

三、判断题

1. 在肉制品加工中，葡萄糖除作为甜味料使用外，还可形成乳酸，有助于胶原蛋白的膨胀和疏松，从而使制品柔软。（　　）
2. 氨基乙酸在肉制品加工中使用不但有增咸的作用，还可以改善肉制品的口感。（　　）

四、简答题

简述食醋在肉制品加工的作用。

参考答案

五、论述题

在肉制品加工中是否可以用食盐取代酱油？

任务二　天然香辛料的选择

任务要求

◎ 具体任务

根据教师提供的学习资料和网络教学资源，小组同学自学天然香辛料的基础知识，在教师的指导下完成学习汇报PPT。根据各种天然香辛料的特征进行正确辨认，并按照天然香辛料的验收标准，对肉制品加工中常用的天然香辛料进行品质鉴定，并能独立完成检验任务、正确填写检验报告单。

任务准备

各组学生分别完成如下准备工作：

（1）根据教师提供的资料和网络教学资源，通过自学方式掌握天然香辛料的基础知识。

（2）根据学习资料拟定汇报提纲。

（3）根据教师和同学的建议修改汇报提纲，制作汇报 PPT。

（4）按照汇报提纲进行学习汇报。

（5）根据天然香辛料的基础知识，制订天然香辛料的选择方案。

（6）根据教师和同学的建议修改天然香辛料的选择方案。

（7）按照制订的天然香辛料的选择方案独立完成检验任务、填写检验报告单。

任务目标

（1）能够流利讲解常用天然香辛料的性状特点和在肉制品加工中的作用。

（2）能够根据各天然香辛料的特征，正确辨认实物。

（3）能够对照天然香辛料的验收标准，完成对天然香辛料的品质鉴定。

知识准备

天然香辛料使用的是某些植物的果实、花、皮、种子、叶、茎、根等，它们具有辛辣和芳香性风味成分。其作用是赋予肉制品特有的风味，抑制或矫正不良气味，增进食欲，促进消化。

一、天然香辛料的种类

根据天然香辛料呈味特征的不同，可将天然香辛料分为辛辣型天然香辛料（如葱、姜、蒜、辣椒、白胡椒、花椒等）、浓香型天然香辛料（如大茴香、小茴香、桂皮、肉豆蔻等）、淡香型天然香辛料（如草果等）3 类。

二、肉制品加工中常见的天然香辛料

1. 葱、姜、蒜

（1）葱：别名大葱，具有强烈的葱辣味和刺激味。在肉制品中添加葱，有增加香味、去除腥味的作用，因此葱广泛用于酱制、红烧类产品，特别是对于酱猪肝、肚、舌、蹄等制品，其更是必不可少的调料。

（2）姜：味辛辣，具有去腥、调味的作用。姜在肉制品加工中常用于红烧酱制，也可将其榨成姜汁或制成姜粉等。姜加入灌肠制品中可增加风味，并有相当强的抗氧化能力和阻断亚硝胺合成的特性。

（3）蒜：别名大蒜，含有强烈的辛辣味，在肉制品加工中用于配料和调味，具有突出的去腥解腻、提味增香的作用。蒜常用于灌肠制品，切碎或绞成蒜泥后加入，可提高

制品风味。

2. 辣椒

辣椒品种繁多，其性状也有很大差异。一般来说，圆形的灯笼椒是甜椒；长圆锥形的羊角椒是半辛辣椒；圆锥形的小蓬羊角椒是辛辣椒。

辣椒在调味时会使制品香味倍增。原因在于辣椒中含有部分维生素和胡萝卜素，以及乳酸、柠檬酸、酒石酸等有机酸和钙、磷、铁等矿物质。加热会使胡萝卜素、有机酸和部分矿物质等溶解于油脂中，增强了制品的鲜红色泽和芳香味。

3. 白胡椒

胡椒的果实成熟后去皮晒干称为白胡椒。白胡椒在肉制品中有去腥、提味、增香、增鲜和去异味等作用。白胡椒还有防腐、防霉的作用，在短时间内可防止食物腐烂变质。

4. 花椒

花椒又称秦椒、川椒，具有特殊的强烈芳香气，且味辛麻而持久，炒熟后香味四溢。肉制品加工中利用花椒的香气可达到除腥去异味、增香调味、防油脂酸败的目的。

5. 大茴香

大茴香俗称八角茴香、八角、大料，呈八角形，有强烈的山楂花香气，味甜，性温和。大茴香是酱卤肉制品必用的香料，能压腥去膻，增加肉的香味。

如何鉴别真假大茴香

6. 小茴香

小茴香别名茴香、香丝菜，具有强烈香气，是肉制品加工中常用的香料。小茴香常用于酱卤肉制品中，往往与其他香味料配合使用，能起到增香调味、防腐防膻、去除异味的作用。使用时应将小茴香及其他香料用料袋捆扎后放入老汤内，以免粘连原料肉。

7. 桂皮

桂皮又称肉桂，呈卷筒状长条，表皮灰褐色，内皮红黄色，味甜，气味芳香。桂皮常用于调味和矫味。在烧烤、酱卤制品中加入桂皮，能增加肉品的复合香气味。

8. 肉豆蔻

肉豆蔻又称玉果、肉蔻，气味极芳香，具有增香去腥的调味功能，为酱卤制品必用的香料，在肉制品中使用很普遍。

9. 草果

草果用来烹调菜肴，可去腥除膻，增进菜肴味道，味辛性温。烹制鱼类和肉类时，用了草果味道更佳。

除了以上几种外，肉制品加工中还会用到丁香、砂仁、孜然、山柰、芫荽等。

天然香辛料的选择

一、要点

根据各种常用天然香辛料的验收标准，正确辨识天然香辛料，并加以感官特征描述。

二、相关用品

大茴香、小茴香、花椒、白胡椒、桂皮、肉豆蔻、山柰、草果。

三、工作过程

1. 正确辨认各种天然香辛料

（1）教师在操作台上摆放好各种天然香辛料，并放上标签（标注名称）。
（2）给学生一定的时间观察和记忆各种天然香辛料。
（3）教师撤去天然香辛料的标签，随机指出某种天然香辛料，由学生辨认。

2. 感官鉴定各种天然香辛料

学生依据天然香辛料的验收标准（表3-2），对不同种类的天然香辛料进行感官鉴定。

表 3-2　天然香辛料的验收标准

品名	检验方法及特征	品名	检验方法及特征
大茴香	眼观：个大、色红 鼻嗅：芳香味浓烈 口尝：味微甜	桂皮	眼观：卷筒状长条，表皮灰褐色 鼻嗅：气味芳香 口尝：味甜
小茴香	眼观：颗粒均匀饱满，黄绿色 鼻嗅：气芳香、浓厚 口尝：味甜	肉豆蔻	眼观：个大、体重、坚实 鼻嗅：破开后气味芳香而浓烈 口尝：味辣而微苦
花椒	眼观：鲜红光艳，皮细均匀 鼻嗅：有强烈香气 口尝：麻辣而持久	山柰	眼观：圆形或近圆形的横切片 鼻嗅：气味芳香 口尝：味辛辣
白胡椒	眼观：粒大饱满、色白 鼻嗅：气味强烈 口尝：味辛辣	草果	眼观：个大饱满，棕红色 鼻嗅：气微弱 口尝：味辛辣

四、完成检验报告单

根据检验结果完成天然香辛料感官检验报告单（表3-3）。

表3-3　天然香辛料感官检验报告单

品名	检验结果	品名	检验结果
大茴香		桂皮	
小茴香		肉豆蔻	
花椒		山奈	
白胡椒		草果	

课后习题

一、填空题

天然香辛料包括辛辣型天然香辛料、_____和淡香型天然香辛料3类。

二、多项选择题

下列属于辛辣型天然香辛料的有（　　　）。

A．葱　　　　　　B．姜　　　　　　C．蒜　　　　　　D．花椒

三、判断题

1．大茴香与小茴香是同一种物质，就是称呼不同而已。　　　　　　　（　　　）

2．桂皮与陈皮是同一种物质，就是称呼不同而已。　　　　　　　　　（　　　）

3．草果是一种淡香型香辛料。　　　　　　　　　　　　　　　　　　（　　　）

4．桂皮、白胡椒、辣椒属于浓香型天然香辛料。　　　　　　　　　　（　　　）

四、简答题

举例说明肉制品加工中所用天然香辛料的分类。

五、论述题

参考答案

在肉制品辅料准备中，如何区分肉豆蔻和草果？

任务三 食品添加剂的选择

具体任务

根据教师提供的学习资料和网络教学资源，小组同学自学食品添加剂的基础知识，在教师的指导下完成学习汇报 PPT。根据香肠的产品特点和各类食品添加剂的作用，合理选择食品添加剂应用其中，并规范填写食品添加剂的选用情况单。

任务准备

各组学生分别完成如下准备工作：

（1）根据教师提供的资料和网络教学资源，通过自学方式掌握食品添加剂的基础知识。

（2）根据学习资料拟定汇报提纲。

（3）根据教师和同学的建议修改汇报提纲，制作汇报 PPT。

（4）按照汇报提纲进行学习汇报。

（5）根据食品添加剂的基础知识，制定食品添加剂的选择方案。

（6）根据教师和同学的建议修改食品添加剂的选择方案。

（7）按照制定的食品添加剂的选择方案独立完成任务、填写食品添加剂的选用情况单。

任务目标

（1）能够流利讲解肉制品加工中常用食品添加剂的种类及作用。

（2）能够按照香肠的特点，正确选择要添加的食品添加剂。

食品添加剂是指为改善食品品质和色、香、味，以及为防腐、保鲜和加工工艺的需要而加入食品中的人工合成物质或者天然物质。在肉制品加工中，常用的食品添加剂有护色剂与护色助剂、防腐剂、抗氧化剂、着色剂、水分保持剂等。

一、护色剂与护色助剂

1. 护色剂

护色剂是能与肉及肉制品中呈色物质作用，使之在食品加工、保藏等过程中不致分解、破坏，呈现良好色泽的物质。在肉制品加工中，常用的护色剂有亚硝酸盐和硝酸盐。

1）亚硝酸盐

亚硝酸钠和亚硝酸钾（统称为亚硝酸盐）用于肉类腌制，护色效果良好。

亚硝酸钠为无色或微带黄色结晶，味微咸，易潮解；易溶于水，水溶液呈碱性；外观、口味均与食盐相似（亚硝酸钾性状与亚硝酸钠相似）。

亚硝酸盐对提高腌肉的风味有一定的作用。在肉制品中，亚硝酸盐对抑制微生物的增殖有一定的作用，尤其对肉毒梭状芽孢杆菌有特殊的抑制作用，这也是使用亚硝酸盐的重要理由。

由于亚硝酸盐的急性毒性较强，且亚硝酸盐与仲胺能在人的胃中合成亚硝胺而可能致癌，因此要严格控制其在肉制品中的使用量。《食品安全国家标准　食品添加剂使用标准》（GB 2760—2014）中规定，亚硝酸钠、亚硝酸钾的使用范围和最大使用量（以亚硝酸钠计）：腌腊肉制品类（如咸肉、腊肉、板鸭、中式火腿、腊肠），酱卤肉制品类，熏、烧、烤肉类，油炸肉类，肉灌肠类，发酵肉制品类，最大使用量为 0.15g/kg，残留量≤30mg/kg；西式火腿（熏烤、烟熏、蒸煮火腿）类，最大使用量为 0.15g/kg，残留量≤70mg/kg；肉罐头类，最大使用量为 0.15g/kg，残留量≤50mg/kg。

2）硝酸盐

硝酸盐主要有硝酸钾及硝酸钠，为白色结晶，味咸并稍苦，有潮解性，易溶于水。将硝酸盐添加到肉中后，硝酸盐在细菌（亚硝酸菌）的作用下被还原成亚硝酸盐。亚硝酸盐与肉中的乳酸反应而生成亚硝酸，亚硝酸很不稳定，分解成亚硝基，亚硝基与肌红蛋白结合生成亚硝基肌红蛋白，使肉呈鲜红色。

《食品安全国家标准　食品添加剂使用标准》（GB 2760—2014）中规定，硝酸钠、硝酸钾的使用范围和最大使用量[以亚硝酸钠（钾）计]：腌腊肉制品类（如咸肉、腊肉、板鸭、中式火腿、腊肠），酱卤肉制品类，熏、烧、烤肉类，油炸肉类，肉灌肠类，西式火腿（熏烤、烟熏、蒸煮火腿）类，发酵肉制品类，最大使用量为 0.5g/kg，残留量≤30mg/kg。

2. 护色助剂

为提高护色剂的作用效果，降低硝酸盐和亚硝酸盐的使用量，在实际应用过程中还要加入护色助剂。肉制品中常用的护色助剂有L-抗坏血酸、L-抗坏血酸钠、烟酰胺等。

二、防腐剂

食品防腐剂是防止食品腐败变质、延长食品储存期的物质。在肉制品加工中，允许使用的防腐剂有山梨酸及其钾盐、乳酸链球菌素等。

1. 山梨酸及其钾盐

山梨酸为无色针状结晶或白色结晶粉末，无臭或微带刺激性臭味，难溶于水，溶于乙醇等有机溶剂；山梨酸钾为白色至浅黄色鳞片状结晶颗粒或粉末，无臭或微有臭味，易溶于水、乙醇。

山梨酸及其钾盐具有良好的防霉性能，对霉菌、酵母菌和好气性细菌的生长发育起抑制作用。《食品安全国家标准　食品添加剂使用标准》（GB 2760—2014）中规定，山梨酸及其钾盐在肉制品中的最大使用量（以山梨酸计）：熟肉制品为 0.075g/kg，肉灌肠类为 1.5g/kg。

2. 乳酸链球菌素

乳酸链球菌素是一种由乳酸链球菌合成的多肽抗菌类物质，为白色固体粉末，其活性在室温及酸性条件下加热均稳定。

乳酸链球菌素是一种高效、无毒的天然防腐剂，能有效抑制革兰氏阳性菌、芽孢杆菌和芽孢梭菌，特别能抑制肉毒杆菌的繁殖和毒素的形成。《食品安全国家标准　食品添加剂使用标准》（GB 2760—2014）中规定，乳酸链球菌素在肉制品中的最大使用量：预制肉制品为 0.5g/kg，熟肉制品为 0.5g/kg。

三、抗氧化剂

抗氧化剂是指能防止或延缓油脂或食品氧化分解、变质，提高食品稳定性的物质。在肉制品加工中，常用的抗氧化剂有丁基羟基茴香醚、二丁基羟基甲苯、没食子酸丙酯、D-异抗坏血酸及其钠盐等。

1. 丁基羟基茴香醚

丁基羟基茴香醚为无色至微黄色蜡样结晶粉末，具有特异的酚类臭气和刺激性味道，不溶于水，可溶于有机溶剂，对热稳定。

丁基羟基茴香醚除抗氧化作用外，还具有相当强的抗菌力，可阻止寄生曲霉孢子的生长和黄曲霉毒素的生成。《食品安全国家标准　食品添加剂使用标准》（GB 2760—2014）中规定，丁基羟基茴香醚在肉制品中的最大使用量：腌腊肉制品类（如咸肉、腊肉、板鸭、中式火腿、腊肠）为 0.2g/kg。

2. 二丁基羟基甲苯

二丁基羟基甲苯为无色或白色结晶粉末，无臭、无味，不溶于水及甘油，可溶于各种有机溶剂和油脂。对热相当稳定，与金属离子反应不会着色。

二丁基羟基甲苯与其他抗氧化剂相比，稳定性较高，抗氧化作用较强。二丁基羟基甲苯与增效剂（如柠檬酸、植酸、磷酸盐）复配使用，能显著提高抗氧化效果。《食品安全国家标准　食品添加剂使用标准》（GB 2760—2014）中规定，二丁基羟基甲苯在肉制品中的最大使用量：腌腊肉制品类（如咸肉、腊肉、板鸭、中式火腿、腊肠）为 0.2g/kg。

3. 没食子酸丙酯

没食子酸丙酯为白色或浅黄褐色结晶粉末，或乳白色针状结晶，无臭，微苦，水溶液无味，难溶于水，易溶于乙醇等有机溶剂，对热非常稳定。

没食子酸丙酯易与金属离子反应而着色，故一般不单独使用，而与丁基羟基茴香醚、二丁基羟基甲苯或增效剂复配使用。《食品安全国家标准　食品添加剂使用标准》（GB 2760—2014）中规定，没食子酸丙酯在肉制品中的最大使用量：腌腊肉制品类（如咸肉、腊肉、板鸭、中式火腿、腊肠）为 0.1g/kg。

4. D-异抗坏血酸及其钠盐

D-异抗坏血酸及其钠盐为白色至浅黄色的结晶或晶体粉末，无臭，易溶于水、乙醇。异抗坏血酸有酸味和咸味。

D-异抗坏血酸及其钠盐在肉制品中与亚硝酸钠配合使用，既可提高肉制品的成色效果，又可防止肉质氧化变色。此外，它还能加强亚硝酸钠抗肉毒杆菌的能力，可减少亚硝胺的产生。

四、着色剂

着色剂又名色素，是以食品着色为目的的一类食品添加剂。在肉制品加工中合理地使用着色剂，可以赋予产品更加诱人的色泽，引起人们的食欲。因此，我们要了解食用着色剂的理化性质，在肉制品加工中予以科学合理地使用，从而达到较理想的着色效果。

1. 诱惑红及其铝色淀

诱惑红为深红色均匀粉末，无臭，溶于水，微溶于乙醇，不溶于油脂，溶于水呈微带黄色的红色溶液，耐热性强。《食品安全国家标准　食品添加剂使用标准》（GB 2760—2014）中规定，诱惑红及其铝色淀在肉制品中的最大使用量（以诱惑红计）：西式火腿为（熏烤、烟熏、蒸煮火腿）类为 0.025g/kg，肉灌肠类为 0.015g/kg。

2. 红曲米和红曲红

红曲米又名红曲，呈不规则颗粒状，外表棕红色，断面粉红色，微有酸气，味淡，以红透质脆、陈久为佳，是我国自古以来传统使用的天然着色剂。

红曲红为粉末状，色暗红，带油脂状，无味，无臭，溶于热水及酸、碱溶液，对 pH 稳定，耐光、耐热。红曲红对含蛋白质高的食品染色性好，经水洗也不褪色。

《食品安全国家标准　食品添加剂使用标准》（GB 2760—2014）中规定，红曲红和红曲米在肉制品中的最大使用量：腌腊肉制品类（如咸肉、腊肉、板鸭、中式火腿、腊肠）、熟肉制品，按生产需要适量使用。

五、水分保持剂

水分保持剂主要用于保持食品中的水分。在肉制品加工中为提高肉的保水性能，使肉制品的嫩度、弹性增加，提高出品率，常要添加水分保持剂。水分保持剂多为磷酸盐类，主要有磷酸、焦磷酸二氢二钠、焦磷酸钠、磷酸二氢钙、磷酸二氢钾、磷酸氢二铵、磷酸氢二钾、磷酸氢钙、磷酸三钙、磷酸三钾、磷酸三钠、六偏磷酸钠、三聚磷酸钠、磷酸二氢钠、磷酸氢二钠、焦磷酸四钾、焦磷酸一氢三钠、聚偏磷酸钾、酸式焦磷酸钙。

《食品安全国家标准 食品添加剂使用标准》（GB 2760—2014）中规定，上述磷酸盐类在肉制品中的最大使用量（以磷酸根 PO_4^{3-} 计）：预制肉制品、熟肉制品均为 5.0g/kg。

香肠制作中食品添加剂的选用

一、工作过程

（1）学生观看香肠、牛肉干等肉制品的加工视频。

（2）学生在了解香肠、牛肉干等肉制品加工过程的基础上，根据产品的特性及感官要求，思考在不同肉制品原辅料的准备阶段，需要添加哪些食品添加剂。

（3）教师随机选择学生，到台前，根据 PPT 上给出的题目（即根据屏幕上给出的某种肉制品图案，选择何种食品添加剂加入到原料肉中），学生点击屏幕上的食品添加剂进行添加，若某种食品添加剂选择正确，则屏幕上亮出"笑脸"图形，若选择错误，则亮出"难过"图形。

（4）对于选择正确的食品添加剂种类，学生要说出选择它的理由。

二、任务反馈

根据任务完成情况，填写香肠制作中食品添加剂的选用情况单（表3-4）。

表3-4 香肠制作中食品添加剂的选用情况

序号	名称	作用
1		
2		
3		
4		
5		
6		
7		

课后
习题

一、填空题

在肉制品加工中常用的护色剂有_____和_____。

二、多项选择题

1. 肉制品加工中常用的护色助剂有（   ）。

A. 亚硝酸钠   B. L-抗坏血酸钠

C. 硝酸钠   D. 烟酰胺

2. 肉制品加工中，可应用的食品添加剂有（   ）。

A. 抗氧化剂   B. 水分保持剂

C. 护色剂   D. 防腐剂

三、判断题

1. 护色剂是能与肉及肉制品中呈色物质作用，使其呈现良好色泽的物质。 （   ）

2. 在肉制品加工中，乳酸链球菌素能抑制肉毒杆菌的繁殖和毒素的形成。 （   ）

3. 二丁基羟基甲苯除抗氧化作用外，还具有相当强的抗菌力。 （   ）

4. 增效剂与护色剂复配使用，可提高护色剂对肉制品的护色作用。 （   ）

四、简答题

简述水分保持剂在肉制品加工中的作用。

五、论述题

参考答案   如何看待亚硝酸盐在肉制品加工中的利与弊？

项目四　酱卤肉制品生产技术

情境导入

　　营养丰富、食用方便的酱卤肉制品一直深得消费者喜爱。国家市场监督管理总局对酱卤肉制品产品质量进行了监督抽查,发现大中型企业的产品全部合格,可以放心食用,但小企业产品质量问题突出,存在防腐剂和色素超标、复合磷酸盐超标、标签标注不合格及卫生指标不合格等多种质量问题。本项目以酱牛肉为例,为中小型肉制品加工企业提供技术服务,确保产品工艺合理、质量合格、口味受消费者认可。

任务　酱牛肉的加工

任务要求

◎ 具体任务

　　根据教师提供的学习资料和网络教学资源,小组同学自学酱卤肉制品生产的理论知识,以酱牛肉生产为例,在教师指导下完成学习汇报PPT。制订酱牛肉的加工方案,按照肉制品生产企业的操作规范,完成酱牛肉的加工。

◎ 任务准备

各组学生分别完成如下准备工作:
(1)根据教师提供的资料和网络教学资源,通过自学方式掌握酱卤肉制品生产的基础知识。
(2)根据学习资料拟定汇报提纲。
(3)根据教师和同学的建议修改汇报提纲,制作汇报PPT。
(4)按照汇报提纲进行学习汇报。
(5)根据酱卤肉制品生产的基础知识,制订酱牛肉的加工方案。
(6)根据教师和同学的建议修改酱牛肉的加工方案。
(7)按照制订的酱牛肉的加工方案独立完成任务、填写生产记录单。

◎ 任务目标

(1)能够制订酱牛肉的加工方案。

（2）能够正确选择酱牛肉生产的原辅材料。

（3）能够正确制作料袋。

（4）能够正确进行煮制。

（5）能够正确填写生产记录单。

知识准备

酱卤肉制品简称酱卤制品，是在水中加食盐或酱油等调味料及香辛料，经煮制而成的一类熟肉类制品。

酱卤制品是我国传统的一类肉制品，其主要特点如下：成品都是熟的，可以直接食用；产品酥润；部分制品带有卤汁，不易包装和储藏；适于就地生产，就地供应。近些年来，由于包装技术的发展，酱卤制品已开始出现精包装产品。酱卤制品在全国大部分地区有生产，但由于各地的消费习惯和加工过程中所用配料、操作技术不同，形成了许多具有地方特色的产品。有的已成为地方名产或特产，如苏州酱汁肉、北京月盛斋酱牛肉、南京盐水鸭、德州扒鸡、安徽符离集烧鸡等，不胜枚举。

一、酱卤制品的分类

酱卤制品包括白煮肉类、酱卤肉类、糟肉类。其中，白煮肉类可视为酱卤制品肉类未进行酱制或卤制的一个特例；糟肉类则是用酒糟或陈年香糟代替酱汁或卤汁制作的一类产品。

1. 白煮肉类

白煮肉类是将原料肉经（或未经）腌制后，在水（盐水）中煮制而成的熟肉类制品。其主要特点是最大限度地保持了原料肉固有的色泽和风味，一般在食用时才调味。常见的品种有白斩鸡、盐水鸭、白切肉、白切猪肚等。

2. 酱卤肉类

酱卤肉类是将肉在水中加食盐或酱油等调味料和香辛料一起煮制而成的熟肉制品。有的酱卤肉类的原料，在加工时需先用清水预煮，一般预煮15～25min，然后用酱汁或卤汁煮至成熟；有的酱卤肉类产品在酱制或卤制后，需再经烟熏等加工工序。酱卤肉类的主要特点是色泽鲜艳、滋味鲜美、肉质润嫩，具有独特的风味。产品的色泽和风味主要取决于调味料和香辛料。常见的品种有道口烧鸡、德州扒鸡、苏州酱汁肉、糖醋排骨等。

3. 糟肉类

糟肉类是将原料肉经白煮后，再用香糟糟制的冷食熟肉类制品。其主要特点是保持了原料肉固有的色泽和曲酒的香气。常见的品种有糟肉、糟鸡及糟鹅等。

另外，酱卤制品根据加入调料的种类数量不同，还可以分为很多种，通常有五香或红烧制品、蜜汁制品、糖醋制品等。

1. 五香或红烧制品

五香或红烧制品是酱制品中品种最多的一大类,这类产品的特点是在加工中用较多量的酱油,所以有的产品称红烧制品;有的产品是在加工中加入大茴香、桂皮、丁香、花椒、小茴香5种香辛料(或更多香辛料),故又称五香制品。常见的品种有烧鸡、酱牛肉等。

2. 蜜汁制品

蜜汁制品在红烧的基础上使用红曲米作着色剂,产品为樱桃红色,颜色鲜艳,且在辅料中加入适量的糖或蜂蜜,使产品色浓味甜。常见的品种有苏州酱汁肉、蜜汁小排骨等。

3. 糖醋制品

糖醋制品在加工过程中添加糖和醋的量较多,产品酸甜可口。常见的品种有糖醋排骨、糖醋里脊等。

二、酱卤技术与质量控制

酱卤制品突出调味料与香辛料及肉的本身香气,食之肥而不腻,瘦不塞牙。我国地域辽阔、人口众多,各地人民有着不同的消费和膳食习惯,酱卤制品随着地区不同,在口味上有很大不同。北方地区酱卤制品用调味料、香辛料多,咸味重,如符离集烧鸡;南方地区酱卤制品相对香辛料用量少,味甜、咸味轻,如苏州酱汁肉。

酱卤制品中,酱与卤两种制品的特点有所差异,两者所用原料及原料处理过程相同,但在煮制方法和调味料上有所不同,所以产品特点、色泽、味道也不相同。在煮制方法上,卤制品通常将各种辅料煮成清汤后将肉块下锅以旺火煮制;酱制品则将肉和各种辅料一起下锅,大火烧开,文火收汤,最终使汤形成肉汁。在调味料使用上,卤制品主要使用盐水,所用香辛料和调味料数量不多,故产品色泽较淡,突出原料原有的色、香、味;而酱制品所用香辛料和调味料的数量较多,故酱香味浓。

酱卤制品有两个关键工序,即调味和煮制。

1. 调味

调味是加工酱卤制品的一个重要过程。调味即根据地区消费习惯和调味料、香辛料常用品种的不同,加入不同种类和数量的调味料,加工成具有特定风味的产品。

1)调味的作用

根据调味料的特性和作用效果,使用优质调味料和原料肉一起加热煮制,奠定了产品的咸味、鲜味和香气,同时增进了产品的色泽和外观。

通过调味还可以去除和矫正原料肉中的某些不良气味,起调香、助味和增色作用,以改善制品的色、香、味,同时通过调味能生产出不同花色品种的制品。

调味是在煮制过程中完成的，调味时要注意控制水量、盐浓度和调料用量，要有利于酱卤制品颜色和风味的形成。

2）调味的分类

根据加入调味料的时间，调味大致可分为基础调味、定性调味和辅助调味。

（1）基础调味：在加工原料整理之后，经过加盐、酱油或其他配料腌制，奠定产品的咸味。

（2）定性调味：在原料下锅后进行加热煮制或红烧时，随后加入主要配料，如酱油、盐、酒、天然香辛料等，以决定产品的基本口味。

（3）辅助调味：加热煮制之后或即将出锅时加入糖、味精等，以增进产品的色泽、鲜味。

3）料袋的制法和使用

酱卤制品制作过程中大多采用料袋。料袋是用两层纱布制成的长方形布袋，可根据锅的大小、原料多少缝制不同大小的料袋。将各种天然香辛料装入料袋，用线绳将料袋口扎紧。最好在原料投入锅中之前，将料袋投入锅中煮沸，使料味在汤中串开以后，再投入原料煮制。

料袋中的天然香辛料可使用 2～3 次，然后以新换旧，逐步淘汰，既可根据品种实际味道减少辅料，也可降低成本。

2. 煮制

煮制是对原料肉用水做介质进行热加工的过程，可以改变肉的感官性状，提高肉的风味和嫩度，达到熟制的目的。

1）煮制的作用

煮制对产品的色、香、味、形及成品化学性质都有显著的影响。煮制使肉黏着、凝固，具有固定制品形态的作用，使制品可以切成片状；煮制时，原料肉与配料的相互作用改善了产品的色、香、味；同时煮制也可杀死微生物和寄生虫，提高制品的储藏稳定性和保鲜效果。

煮制时间的长短要根据原料肉的形状、性质及产品规格要求来确定。一般体积大、质地老的原料，加热煮制时间较长，反之较短。总之，煮制必须达到产品的规格要求。

2）煮制的方法

煮制直接影响产品的口感和外形，因此必须严格控制温度和加热时间。

在煮制过程中，会有部分营养成分随汤汁而流失。因此，煮制过程中汤汁的多寡和利用与产品质量有一定关系。根据煮制时加入汤的数量，可分为宽汤和紧汤两种煮制方法。宽汤煮制是将汤加至和肉的平面基本相平或淹没肉体，适用于块大、肉厚的产品，如卤肉等；紧汤煮制时加入的汤应低于肉的平面 1/3～1/2，适用于色深、味浓产品，如蜜汁肉、酱汁肉等。

许多名优产品都有其独特的操作方法，但一般方法有清煮和红烧两种，同时要注意控制操作时的火候大小。

（1）清煮。清煮又称白煮、白锅。其方法是将整理后的原料肉投入沸水中，不加任何调味料进行烧煮，同时撇除血沫、浮油、杂物等，然后把肉捞出，除去肉汤中杂质。清煮作为一种辅助性的煮制工序，其目的是消除原料肉中的某些不良气味。清煮后的肉汤称白汤，通常作为红烧时的基础汤汁再使用，但清煮下水（如肚、肠、肝等）的白汤除外。

（2）红烧。红烧又称红锅、酱制，是酱卤制品加工的关键工序，起决定性作用。其方法是将清煮后的肉料放入加有各种调味料的汤汁中进行烧煮，不仅使制品加热至熟，而且产生自身独特的风味。红烧的时间应随产品和肉质的不同而异，一般为数小时。红烧后剩余汤汁称红汤或老汤，应妥善保存，待以后继续使用。红汤存放时应装入带盖的容器中，以减少污染。红汤长期不用时要定期煮沸或冷冻保藏，以防变质。红汤由于不断使用，其成分与性质已经发生变化，使用过程中要根据其变化情况酌情调整配料，以稳定产品质量。

（3）火候。在煮制过程中，根据火焰的大小强弱和锅内汤汁情况，可将火焰分为旺火、中火和微火 3 种。旺火（又称大火、急火、武火）火焰高强而稳定，锅内汤汁剧烈沸腾；中火（又称温火、文火）火焰低弱而摇晃，一般锅中间部位汤汁沸腾，但不强烈；微火（又称小火）火焰很弱而摇摆不定，勉强保持火焰不灭，锅内汤汁微沸或缓缓冒泡。

酱卤制品煮制过程中除个别品种外，一般早期使用旺火，中后期使用中火和微火。旺火烧煮时间通常较短，其作用是将汤汁烧沸，使原料肉初步煮熟；中火和微火烧煮时间一般较长，其作用是使肉在煮熟的基础上变得酥润可口，同时可使配料渗入内部，达到内外品味一致的目的。

有的产品在加入砂糖后，往往再用旺火，其目的是使砂糖加速溶化。卤制内脏时，由于口味要求和原料鲜嫩的特点，在加热过程中，自始至终要用文火煮制。

目前，许多厂家早已使用夹层釜生产酱卤制品，利用蒸汽加热，加热程度可由液面沸腾的状况或温度指示来决定，以生产出优质的肉制品。

三、肉在煮制过程中的变化

在煮制过程中，原料和辅料会发生一系列物理变化和化学变化。

1. 质量减小、肉质收缩变硬或软化

肉类在煮制过程中最明显的变化是失去水分、质量减小。例如，以中等肥度的猪肉、牛肉、羊肉为原料，在 100℃的水中沸腾 30min，其质量减小的情况如表 4-1 所示。

表 4-1　肉类煮制时质量减小的情况　　　　　　　　　　　　　　单位：%

名称	水分	蛋白质	脂肪	其他	总量
猪肉	21.3	0.9	2.1	0.3	24.6
牛肉	32.2	1.8	0.6	0.5	35.1
羊肉	26.9	0.6	6.3	0.4	34.2

为了减少肉类在煮制时营养物质的损失，提高出品率，可在原料加热前进行预煮。将小批原料肉放入沸水中经短时间预煮，使产品表面的蛋白质立即凝固，形成保护层，减少营养成分和水分的损失，提高出品率。用150℃以上的高温油炸，也可减少有效成分的流失。此外，肌肉中的肌浆蛋白受热之后，蛋白质的凝固作用使肌肉组织收缩硬化，并失去黏性。但若继续加热，随着蛋白质的水解及结缔组织中胶原蛋白转化成明胶等，肉质又变软。

2. 肌肉蛋白质的变化

肉在加热煮制过程中，构成肌肉纤维的蛋白质因发生热变性而凝固，引起肉汁分离，体积缩小变硬，同时肉的保水性、pH、可溶性蛋白质等发生相应的变化。肌球蛋白的凝固温度是45～50℃，当有盐类存在时，30℃即开始变性。肌肉中可溶性蛋白质的热凝固温度是55～65℃，肌球蛋白由于变性凝固，再继续加热则发生收缩。肌肉中的水分被挤出，当加热到60～75℃时失水量最多，之后随温度的升高反而减少。这是因为动物肉煮制时随着温度的升高和煮制时间的延长，胶原蛋白转化为明胶，这个过程要吸收一部分水分，从而弥补了肌肉中所流失的水分。

3. 肉的保水性的变化

由于加热，肉的保水性降低，其幅度因加热温度的不同而异。20～30℃时，保水性没有发生变化；30～40℃时，保水性开始逐渐降低；40～50℃开始急剧地下降；50～55℃大体停止；55℃以上又继续下降，但不像40～50℃时那样迅速；60～70℃大体结束。

肉的pH也随着加热温度升高而升高，其pH的变化也可分为40～50℃和55℃以上两个阶段。在加热过程中随着加热温度的升高、酸性基团的减少，pH逐渐上升。

肉的保水性最低时的pH与蛋白的等电点一致，等电点随着加热温度的升高而向碱性方向移动，这种现象表明肌肉蛋白质的酸性基团因加热而减少。

4. 脂肪的变化

加热时脂肪熔化，包围脂肪滴的结缔组织受热收缩，使脂肪细胞受到较大的压力，细胞膜破裂，脂肪熔化流出。随着脂肪的熔化，释放出某些与脂肪相关联的挥发性化合物，这些物质给肉和肉汤增加了香气。

但脂肪在加热过程中有一部分发生水解，生成脂肪酸，因而使酸价有所增高。同时发生氧化作用，生成氧化物和过氧化物。加热煮制时，如果肉量过多或剧烈沸腾，脂肪容易氧化，易使肉汤呈现浑浊状态，生成二羟基酸类，从而使肉汤带有不良气味。

5. 风味的变化

生肉的风味很弱，但是加热之后，不同种类的动物肉会产生很强烈的特有风味。通常认为，这是加热导致肉中的水溶性成分和脂肪的变化所造成的。肉的风味与氨、硫化氢、胺类、羰基化合物、低级脂肪酸等有关。

6. 颜色的变化

肉加热时颜色的变化受加热方法、时间和温度的影响。例如，温度在 60℃ 以下时，肉色几乎不发生明显变化，仍呈鲜红色；升高到 65～70℃ 时，变为粉红色；升高到 75℃ 以上时，则完全变为褐色。这种变化是由肌肉中的肌红蛋白受热后发生变性引起的。肌红蛋白变性之后成为不溶于水的物质。肉类在煮制时，一般以沸水下锅。这样一方面可以使肉表面蛋白质迅速凝固，阻止可溶性蛋白质溶入汤中；另一方面可以减少大量肌红蛋白质溶入汤中，保持肉汤的清澈。此外，用硝酸盐或亚硝酸盐腌制发色的肉，由于其肌红蛋白已经变成对热稳定的亚硝基肌红蛋白，所以煮制后变成鲜艳的红色。

7. 浸出物的变化

在加热过程中，由于蛋白质变性和脱水，汁液从肉中分离出来，汁液中含有的浸出物溶于水并分解，赋予煮熟肉特殊的风味。这些浸出物的成分很复杂，主要是含氮浸出物，如游离氨基酸、尿素、嘌呤碱、肽的衍生物等。其中以游离氨基酸最多，如谷氨酸等，当其浓度达到 0.08% 时，即会出现肉的特有芳香气味。此外，丝氨酸、丙氨酸等也具有香味。成熟的肉含游离状态的次黄嘌呤，其也是形成肉特有芳香气味的主要成分。

任务实施

酱牛肉的加工

一、要点

（1）酱牛肉的工艺流程及操作要点。
（2）料袋的制作。

二、相关用品

冷藏柜、刀具、台秤、蒸煮锅、加热灶、盆、纱布。

三、材料与配方

1kg 牛键子肉，盐 20g、酱油 25g、白糖 20g、料酒 6g、味精 2g、大茴香 5g、小茴香 5g、桂皮 4g、砂仁 2g、丁香 1g、花椒 1.5g、红曲粉 5g。

四、工艺流程

原料选择与整理→预煮→配料→制作料袋→煮制→出锅→成品。

酱牛肉的制作

五、操作要点

（1）原料选择与整理：选用经卫生检验合格的优质牛腱子肉。将牛肉除去筋膜、淋巴等，再切成 500g 左右的肉块，用清水浸泡 30min。

（2）预煮：锅中倒入清水，放入浸泡好的肉块，大火煮开，撇去浮沫，然后将牛腱子肉捞出，用钢针将肉块各位置扎透，以备煮制过程更好入味。

（3）配料：以 1kg 牛键子肉为例计算配料，盐 20g、酱油 25g、白糖 20g、料酒 20g、味精 2g、大茴香 5g、小茴香 5g、桂皮 4g、砂仁 2g、丁香 1g、花椒 1.5g、红曲粉 5g。

（4）制作料袋：用纱布将盐、白糖、味精、小茴香、桂皮、砂仁、丁香、红曲粉等配料制成料袋。

（5）煮制：把葱、姜、大茴香、花椒及料袋放入汤锅内，倒入酱油、料酒搅拌均匀，放入预煮好的肉块，大火煮开 15min 后转至文火继续煮制 60～90min。其间注意翻锅搅拌。

（6）出锅：大火收汤，当锅内汤汁较少时出锅，自然冷却。注意保持肉块完整不散。

六、质量控制

出品率在 60% 以上，色泽酱红，内外色泽一致，块形整齐，大小均匀，味道鲜美，香气扑鼻，无异物，无异味。

七、完成生产记录单

根据所学知识加工酱牛肉，完成生产记录单（表 4-2）。

表 4-2　酱牛肉的生产记录单

任务	生产记录			备注
生产方案的制订	配方： 工艺流程：			
原料选择与处理	原料名称	质量	处理方法	

任务	生产记录			备注
原料选择与处理	原料名称	质量	处理方法	
	所需设备及使用方法：			
预煮	所需设备及使用方法：			
制作料袋	所需设备及使用方法： 材料： 制作方法：			
煮制	所需设备及使用方法： 时间：			
出锅	所需设备及使用方法： 出锅时间：			
成品感官检验	感官指标检验及结果：			
产品展示、自评及互评	产品评价： 产品改进措施： 产品出品率： 成本核算： 任务总评：			

课后习题

一、填空题

1. 煮制可以改变肉的感官性状、提高肉的风味和嫩度，达到_____的目的。

2. 煮制直接影响产品的口感和外形，必须严格控制_____和_____。

3. 根据加入的汤的多少，可将煮制分为_____和_____。

4. 酱卤制品包括_____、_____和_____。

5. 酱卤制品的色泽和风味主要取决于_____和_____。

6. 酱卤制品是指将原料肉放入调味料和天然香辛料以_____为加热介质煮制而成的熟肉制品，是中国典型的传统熟肉制品。

7. 在煮制过程中，根据火焰的大小强弱和锅内汤汁情况，可将火焰分为_____、_____和_____3 种。

二、多项选择题

1. 煮制的作用是（　　　）。
A. 固定制品形态　　　　　　　　　　B. 改善产品的色、香、味
C. 杀死微生物和寄生虫　　　　　　　D. 提高保鲜效果

2. 煮制时肉的变化包括（　　　）。
A. 质量减小　　　B. 蛋白质的变化　　　C. 脂肪组织不变　　　D. 颜色的变化

3. 为减少肉在煮制时水分的流失，可采用（　　　）。
A. 加热前预煮　　　B. 高温油炸　　　C. 冷冻　　　D. 烟熏

4. 根据加入调味料的时间，调味料可分为（　　　）。
A. 滋味调料　　　B. 基础调料　　　C. 定性调料　　　D. 辅助调料

5. 白煮肉类产品不包括（　　　）。
A. 糟肉　　　B. 白切鸡　　　C. 糖醋排骨　　　D. 酱牛肉

6. 以下属于含氮浸出物的是（　　　）。
A. 糖原　　　B. 乳酸　　　C. 游离氨基酸　　　D. 二肽

7. 煮制是对原料肉用（　　　）等加热方式进行加工的过程。
A. 水　　　B. 蒸汽　　　C. 油炸　　　D. 烘烤

三、判断题

1. 酱卤制品都是熟肉制品，产品酥软，风味浓郁，不适宜储藏。（　　　）
2. 基础调味奠定了产品的咸味。（　　　）
3. 定性调味决定了产品的色泽、鲜味。（　　　）
4. 料袋中的天然香辛料可使用 2～3 次，也可降低成本。（　　　）

5. 非含氮浸出物主要有二肽、葡萄糖、乳酸等。　　　　　（　　　）

6. 在 70℃以下的温度加热时，结缔组织蛋白质会发生收缩变性。　　（　　　）

7. 文火烧煮时间较短，作用是将汤汁烧沸，使原料肉初步煮熟。　　（　　　）

四、简答题

1. 煮制时如何掌握火候？

2. 肉制品加工中煮制的作用是什么？

3. 酱卤制品有哪些种类？

五、论述题

试述酱制品和卤制品的异同。

参考答案

项目五 干肉制品生产技术

情境导入

　　黑龙江省某肉牛养殖基地一直进行冷鲜牛肉的销售，近期企业为开拓市场，增加销售业绩，欲对原料肉进行深加工。假如你应聘到该企业的研发部，研发部主管要求你负责干肉制品的研发，因此你要进行五香牛肉干加工的学习，掌握肉类干制的原理，了解影响肉类干制的因素，掌握肉类干制的方法，能够进行典型干肉制品的加工。

任务　哈尔滨五香牛肉干的加工

任务要求

◎ 具体任务

　　根据教师提供的学习资料和网络教学资源，小组同学自学肉品干制的基础知识，在教师的指导下完成学习汇报PPT。制订哈尔滨五香牛肉干的加工方案，按照肉制品生产企业的规范操作，完成哈尔滨五香牛肉干的加工。

◎ 任务准备

各组学生分别完成如下准备工作：

（1）根据教师提供的资料和网络教学资源，通过自学方式掌握干肉制品生产的基础知识。

（2）根据学习资料拟定汇报提纲。

（3）根据教师和同学的建议修改汇报提纲，制作汇报PPT。

（4）按照汇报提纲进行学习汇报。

（5）根据干肉制品生产的基础知识，制订哈尔滨五香牛肉干的加工方案。

（6）根据教师和同学的建议修改哈尔滨五香牛肉干的加工方案。

（7）按照制订的哈尔滨五香牛肉干的加工方案独立完成任务、填写生产记录单。

◎ 任务目标

（1）能够制订哈尔滨五香牛肉干的生产方案。

（2）能够正确选择、称重和处理原辅料、配料。

（3）能够正确使用煮制设备，判断牛肉七分熟的状态、特征。

（4）能够正确选择晾凉用具。

（5）能够按产品的规格要求切分肉块。

（6）能够正确使用烘干设备、选择烘烤温度、判断产品结束烘干时的状态。

（7）能够对五香牛肉干生产中出现的质量问题提出整改建议，独立完成五香牛肉干的制作并核算产品出品率。

知识
准备

一、干肉制品的概念及加工原理

1. 概念

干肉制品是指将肉先经熟制加工再成型干燥，或先成型再经热加工制成的水分含量控制在 20%左右的熟肉制品。

干肉制品
生产与控
制 1

2. 加工原理

肉类食品的脱水干制是一种有效的加工和储藏手段。新鲜肉类食品含有丰富的营养物质，而且水分含量一般在 60%以上，如保管储藏不当极易引起腐败变质。经过脱水干制，其水分含量可降低到 20%以下。各种微生物的生命活动，是以渗透的方式摄取营养物质的，必须有一定的水分存在。例如，蛋白质性食品适于细菌生长繁殖的最低含水量为 25%～30%，霉菌为 15%，因此肉类食品脱水之后使微生物失去获取营养物质的能力，抑制了微生物的生长，以达到保藏的目的。

水分是微生物生长繁殖所必需的营养物质，但是并非所有的水分都被微生物利用，如在添加一定数量的糖、盐的水溶液中，大部分水分就不能被利用。微生物、酶化学反应涉及的水分（一般指游离水）称为有效水分。用水分活度衡量有效水分的多少表示为 A_W。水分活度是食品中水分的蒸气压（P）与纯水在该温度时的蒸气压（P_0）的比值。一般鲜肉、煮制后鲜制品的水分活度为 0.99 左右，香肠类为 0.93～0.97，牛肉干为 0.90 左右。

每一种微生物生长都有所需的最低水分活度值。一般来说，霉菌需要的水分活度为 0.80 以上，酵母菌为 0.88 以上，细菌为 0.91～0.99。总体来说，肉与肉制品中大多数微生物只有在较高水分活度下才能生长。只有少数微生物需要低的水分活度。因此，通过干制降低水分活度就可以抑制肉制品中大多数微生物的生长。但是必须指出，一般干燥条件并不能使肉制品中的微生物完全致死，只是抑制其活动。若之后环境适宜，微生物仍会继续生长繁殖。因此，肉类在干制时，一方面要进行适当的处理，减少制品中各类微生物的数量；另一方面干制后要采用合适的包装材料和包装方法，防潮、防污染。

干肉制品
生产与控
制 2

二、干肉制品的分类

干肉制品主要包括肉干、肉松、肉脯三大类。

1. 肉干

肉干是将牛、猪等瘦肉经预煮后，加入配料复煮，最后经烘烤而成的一种肉制品。由于原料肉、辅料、产地、外形等不同，其品种较多，如按原料肉不同，可分为牛肉干、猪肉干、羊肉干等；按形状不同，可分为片状肉干、条状肉干、粒状肉干等；按辅料不同，可分为五香肉干、麻辣肉干、咖喱肉干等。但各种肉干的加工工艺基本相同。

2. 肉松

肉松是将肉煮烂，再经过炒制，揉搓而成的一种易于储藏的脱水制品。按所用的原料不同，可分为猪肉松、牛肉松、鸡肉松及鱼肉松等。按成品形态不同，可分为肉绒和油松两类。肉绒成品金黄或淡黄，细软蓬松如棉絮；油松成品呈团粒状，色泽红润。它们的加工方法有异同。我国有名的传统肉松产品是太仓肉松和福建肉松等。

3. 肉脯

肉脯是烘干的肌肉薄片，与肉干的加工不同之处在于不经过煮制。我国已有 50 多年制作肉脯的历史，全国各地均有生产，加工方法稍有差异，但成品一般均为长方形薄片，厚薄均匀，呈酱红色，干爽香脆。

三、肉制品的干制方法

随着科学技术的不断发展，肉制品的干制方法也不断得到改进和提高。肉制品的干制方法可以根据干燥的方式分类，也可以根据干制时产品所处的压力和热源分类。

1. 根据干燥的方式分类

1）自然干燥

自然干燥法是古老的干燥方法，设备简单，费用低，但受自然条件的限制，温度条件很难控制，大规模的生产很少采用该种方式，只在某些产品加工中作为辅助工序采用，如风干香肠的干制等。

2）烘炒干制

烘炒干制也称传导干制，靠间壁的导热将热量传给与壁接触的物料。由于湿物料与加热的介质（载热体）不是直接接触，其又称间接加热干燥。烘炒干制的热源可以是水蒸气、热水、热空气等，可以在常温下干燥，也可以在真空下进行。加工肉松一般采用这种方式。

3）烘房干燥

烘房干燥也称对流热风干燥，其直接以高温的热空气为热源，借对流传热将热量传给物料，故又称为直接加热干燥。热空气既是热载体，又是湿载体。一般烘房干燥多在常压下进行。因为在真空干燥情况下，气相处于低压，热容量很小，不能直接以空气为热源，所以必须采用其他热源。烘房中的气温调节较方便，物料不至于过热，但热空气离开烘房时带有相当大的热能，因此烘房干燥热能的利用率较低。

4）低温升华干燥

在低温下一定真空度的封闭容器中，物料中的水分直接从冰升华为蒸汽，使物料脱水干燥，称为低温升华干燥。较上述3种方法，该法不仅干燥速度快，还能保持原来产品的性质，加水后能迅速恢复原来的状态，很少发生蛋白质变性；但该法设备较复杂，投资大，费用高。

此外，干燥还有辐照干燥、介电加热干燥等，其在干肉类制品加工中很少使用，故此处不做介绍。

2. 根据干制时产品所处的压力和热源分类

肉置于干燥空气中，所含水分自表面蒸发而逐渐干燥。为了加快干燥速度，需扩大表面积，因而常将肉切成片、丁、粒、丝等形状。干燥时空气的温度和湿度等都会影响干燥速度。为了加快干燥速度，不仅要加强空气循环，还需要加热。但加热会影响肉制品的品质，故又有减压干燥的方法。肉品的干燥根据其热源不同，可分为自然干燥和加热干燥，而干燥的热源有蒸汽、电热、红外线及微波等；根据干燥时的压力，肉制品干燥方法包括常压干燥和减压干燥，减压干燥又包括真空干燥和冷冻干燥。

1）常压干燥

常压干燥过程包括恒速干燥和降速干燥两个阶段。在恒速干燥阶段，肉块内部水分的扩散速度要大于或等于表面蒸发速度，此时水分的蒸发在肉块表面进行，蒸发速度由蒸汽穿过周围空气膜的扩散速度所控制，其干燥速度取决于周围热空气与肉块之间的温度差，而肉块温度可近似认为与热空气湿球温度相同。恒速干燥阶段将除去肉中绝大部分游离水。

当肉块中水分的扩散速度不能再使表面水分保持饱和状态时，水分扩散速度便成为干燥速度的控制因素。此时，肉块温度上升，表面开始硬化，进入降速干燥阶段。该阶段包括两个阶段：水分移动开始稍显困难的阶段为第一降速干燥阶段，以后大部分成为铰状水移动的阶段则为第二降速干燥阶段。

肉品进行常压干燥时，温度对内部水分扩散的影响很大。干燥温度过高，恒速干燥阶段缩短，很快进入降速干燥阶段，但干燥速度反而下降。这是因为在恒速干燥阶段，水分蒸发速度快，肉块的温度较低，不会超过其湿球温度，加热对肉的品质影响较小。但进入降速干燥阶段后，表面蒸发速度大于内部水分扩散速度，致使肉块温度升高，极大地影响肉的品质，且表面形成硬膜，使内部水分扩散困难，降低了干燥速度，导致肉块中内部水分含量过高，使肉制品在储藏期间腐烂变质，故确定干燥工艺参数时要加以注意。在干燥初期，水分含量高，可适当提高干燥温度，随着水分减少应及时降低干燥温度。完成恒速干燥阶段后，采用回潮后再行干燥的工艺效果良好。据报道，用煮熟肌肉在回转式烘干机中干燥，过程中出现了多个恒速干燥阶段。干燥和回潮交替进行的新工艺有效地弥补了肉块表面下硬和内部水分过高这一缺陷。除了干燥温度外，湿度、通风量、肉块的大小、摊铺厚度等都影响干燥速度。

2）减压干燥

食品置于真空中，随真空度的不同，在适当温度下，其所含水分会蒸发或升华。也就是说，只要对真空度进行适当调节，即使是在常温以下的低温，也可进行干燥。理论上，在真空度为 613.18Pa 以下的真空中，液态的水即成为固态的水。同时，冰直接变成水蒸气而蒸发，即升华。就物理现象而言，采用减压干燥，随着真空度的不同，无论是通过水的蒸发还是冰的升华，都可以制得干制品。

四、干肉制品的加工设备

肉制品干燥的目的，一是形成特殊的风味，满足消费者的喜好；二是减少产品中游离水的含量，降低水分活度，抑制微生物及酶的活性，延长产品保质期；三是减小肉制品的质量，缩小体积，便于运输。不同形式的干燥设备，其结构也是各不相同的，下面主要介绍换气干燥设备、热风干燥设备、远红外干燥设备、微波干燥设备和肉松加工设备。

1. 换气干燥设备

换气干燥设备利用直接或间接加热使干燥设备内的空气产生对流来进行干燥作业。由于设备简单，投资少，费用低廉，这类设备往往与自然干燥结合起来使用，效果较好。直接火式自然换气干燥室的干燥架用金属制造，上下可放置数层，干燥盘有用不锈钢、铝合金制造的，也有用竹木制造的。干燥室用砖砌，下部炉膛则用耐火砖砌造，炉栅与最下层的盘架应保持足够安全的高度。烟囱底部设置调节器，当关小时，室内空气产生对流，热空气会穿过肉制品，使肉制品温度升高，其内部的水分汽化蒸出。但这种设备在干燥过程中需要对上下盘进行换盘处理，以使上下盘之间制品干燥，水分基本保持一致。

2. 热风干燥设备

热风干燥设备是一种强制循环送热风的干燥设备，形式较多。强制循环干燥机是肉制品干燥中广泛使用的设备。干燥室有用砖砌的，而更多的采用金属结构。骨架用型钢焊接而成，两面采用金属薄板，中间有绝热层，也有的内壁采用石棉板。外表面则采用不锈钢薄板或彩色涂塑薄钢板装饰。干燥室内可放多台干燥车，每层架上放置烘盘，烘盘之间的距离根据物料大小设计，但必须保证上层盘底和下层物料顶面的空隙距离不小于 50mm，以便热风流通，排除湿气。如果距离太大，则热风与物料表面热交换面积减少，影响热效率。鼓风机一般采用离心式通风机，较大的干燥室可采用多台并联风机。空气进入鼓风机前应进行过滤处理，以防空气中的尘埃污染物料。调节阀用来调节风量，关小调节阀就会使热风温度提高。实验室常用的电热恒温鼓风干燥箱（图 5-1）属于该类干燥设备。

3. 远红外干燥设备

远红外干燥设备适用于小块或片状肉类的烘烤干燥，如五香牛肉干、猪肉脯、调味肉制品和香肠、火腿肠的烘烤干燥。常用的远红外干燥设备有厢式和连续隧道式两种。其工作原理是远红外线辐射器发出的远红外线为被加热物料所吸收，直接转变为热能，从而达到烘烤干燥的目的。这种设备具有高效、节能、烘烤干燥时间短、设备占地面积小、制品干燥质量好等优点。远红外线干燥设备属非标准设备，需要根据工艺要求进行设计制造。

图 5-1　电热恒温鼓风干燥箱

4. 微波干燥设备

微波是指频率在 300～3000MHz，介于无线电波和光波之间的超高频电磁波。微波干燥具有加热干燥时间较短，对形状较复杂的物体加热均匀性好、便于控制、穿透能力强、热效率高等优点，但微波也具有设备费贵、耗电量高的缺点。

根据物料的种类、形状、大小、含水量、加热干燥要求及微波场作用形式等，可将微波干燥设备的形式分为电极板间加热干燥设备、箱式微波炉加热干燥设备、波导管加热干燥设备。

5. 肉松加工设备

1）调料炒松机

调料炒松机是肉松制品的生产设备，其操作简便、耐用，克服了传统肉松制作难度高、产量低、人工费用高的缺点，是现代化肉松生产的最佳选择。

调料炒松机可用于肉松加工中的调料焙炒，特别适用于福建肉松（细小肉末）的焙炒。调料炒松机主体为一个卧式不锈钢圆筒，前端为敞开投料口，筒内设有数块固定炒板，筒后部底板封死，用法兰与传动轴连接，通过链传动使圆筒做旋转运动，筒的转速借电动机带动无级减速器调节。筒的下部装有电加热装置，用以加热筒体，筒外有保温固定外壳。圆筒处于连续旋转状态，筒内肉松被加热后由炒板带至上部后，抛落到底部又被加热，湿气从加料口排出，焙炒好的肉松也从投料口取出。机架用型钢制造，底部设有 4 个车轮便于搬动，电气控制箱为封闭式厢体。电动机和减速器装在箱内下部，为方便检修与安装，前面设有一个长方形的门。调料炒松机有小型调料炒松机（图 5-2）、中型调料炒松机（图 5-3）两种。筒直径在 600mm 以下的为小型设备，筒直径在 600～1200mm 的为中型设备。

图 5-2　小型调料炒松机　　　　　　　　图 5-3　中型调料炒松机

2）自动打松机

自动打松机将调料烘干后的精肉条制成蓬松的肉纤维，成为肉松。这种肉松体积很大，是我国具有民族特色的肉制品，尤以江苏太仓的肉松著名，故又称太仓肉松。常见的自动打松机有卧式和立式两种，前者为长方形，后者为圆筒形。

五、干肉制品的质量控制及评价要点

1. 影响食品干制的因素

1）食品表面积

为了加速湿热交换，食品常先被分割成片状、粒状、丁状、丝状等，再进行脱水干制。物料切成薄片、小颗粒、肉丁、肉丝等之后，缩短了热量向食品中心传递和水分从食品中心外移的距离，增加了食品和加热介质相互接触的表面积，为食品内水分外逸提供了更多的途径，从而加速了水分蒸发和食品脱水干制。食品的表面积越大，干燥速度越快。

2）温度

传热介质和食品间温差越大，热量向食品传递的速度也越大，水分外逸速度也增加。若以空气为加热介质，则温度就降为次要影响因素。原因是食品内水分以水蒸气状态从其表面外逸时，将在其周围形成饱和水蒸气层，若不及时排除，将阻碍食品内的水分进一步外逸，从而降低水分的蒸发速度。

3）空气流速

加快空气流速，不仅是因为热空气所能容纳的水蒸气量将高于冷空气而吸收较多的蒸发水分，还因为其能及时将聚积在食品表面附近的饱和湿空气带走，以免阻止食品内水分进一步蒸发。同时，还能使食品表面接触的空气量增加，从而显著地加速食品中水分的蒸发。因此，空气流速越快，食品干燥速度越快。

4）空气湿度

脱水干制时，如用空气作为干燥介质，则空气越干燥，食品干燥速度越快，近于饱和的湿空气进一步吸收蒸发水分的能力远比干燥空气差。

5）大气压力和真空度

在 1 个标准大气压下，水的沸点为 100℃，如大气压力下降，则水的沸点下降，气压越低，沸点越低，因此在真空室内加热干制时，就可以在较低的温度下进行。

2. 干制对肉性质的影响

肉类及其制品经过干制要发生一系列的变化，组织结构、化学成分等都要发生一定的改变，这些变化直接关系到产品的质量和储藏条件。由于干制的方法不同，其变化的程度也有所差别。

1）物理性质的变化

首先，水分的蒸发使肉类及其制品质量减小，体积缩小。质量的减小应当等于其水分含量的减少，但常常是前者略小于后者。物料容积的减少也应当等于水分减少的容积，但实际上前者总是小于后者。因为物料的组成都有其各自不同的物理性质，一般在水分减少时，组织内形成一定的孔隙，其容积减少自然要小些，特别是现代真空条件下的脱水，其容积变化不大。其次，在干燥过程中，物料的色泽会发生变化，其主要原因是随着水的减少，其他物质的浓度增加了，而且在储藏过程中发生的某些化学变化一般使物料色泽发暗。最后，随着干燥的进行，由于溶液浓度增加，产品的冰点下降。

2）化学性质的变化

肉类在干燥过程中所发生的化学变化，随干燥条件和方法不同而异。一般来说，干燥的时间越长，肉质的变化越严重。这是因为干燥的条件下，有利于组织酶和微生物的繁殖，特别是在较低温度接近自然干燥的条件下，肉质易分解和腐败，并且肉体表面脂肪易氧化，从而使产品的气味、色泽恶化，尤其是在较高温度且存在氧气的条件下，储藏的脱水肉类制品的色泽易变黄，并产生不良的气味。脱水鲜牛肉储藏 12 个月后游离脂肪酸含量的变化如表 5-1 所示。

表 5-1　脱水鲜牛肉储藏 12 个月后游离脂肪酸含量的变化

含水量/%	脂肪酸（以油酸计）含量/（mg/kg）	
	20℃	37℃
7.5	17	35
5.0	12	24
3.2	6	13

所以，储藏脱水干制肉类制品，最好采用防止空气和氧接触的复合薄膜包装，并在低温下储藏。由于干燥的条件和方法不同，产生化学变化的情况也不同。肉类的脱水制品大部分经过煮制后进行脱水干燥，因为煮制时常常要损失 10% 左右的含氮浸出物和大

量的水分，同时破坏了自溶酶的作用，干燥的时间又较短，所以产品质量变化不大。相反在自然条件下，空气的湿度大，干燥缓慢，有利于酶和细菌的作用，促使肉质发生变化。在真空条件下，温度低，干燥迅速，酶和微生物受到抑制，肉质变化轻微。

3）组织结构的变化

肉类经脱水干燥之后，其组织结构、复水性等发生显著的变化，特别是在烘房干燥条件下干燥的产品，不仅难于咀嚼，复水之后也很难恢复原来的新鲜状态。其变化的程度与干燥的方法、肉的 pH 等因素有关。产生这些变化的原因是脱水产品组织微观结构及分子结构的纤维空间排列紧密，纤维个体不易被咀嚼分开。用低温升华干燥加工的产品是最理想的，其复水之后组织的特性接近于新鲜状态。

3. 干肉制品的质量控制

干肉制品储藏期间质量变劣主要表现在两个方面：一是霉味和霉斑的问题，其已在国内引起了生产者和研究者的重视，并采取了很多措施，取得了一定效果；二是干肉制品中酸价的升高和酸败味的产生，其在国内并未引起人们重视，而仅在出口干肉制品中加以考虑。

1）霉味和霉斑的形成及其控制

（1）霉味和霉斑的形成。研究结果表明，干肉制品产生霉味和霉斑的主要原因是水分活度过高、脂肪含量过高或储藏时间过久。含水量和含盐量决定着水分活度。干肉制品中含水量一般为 20%，含盐量为 5%～7%，而水分含量过高和含盐量过低是导致霉味和霉斑产生的直接原因。另外，若干肉制品中脂肪含量过高，或者长期高温储藏都会导致脂肪移至干肉制品表面，进而附着于包装袋上，甚至渗出袋外，使各种有机物附着，造成袋外霉菌生长繁殖，成为引起干肉制品霉变的另一个原因。

（2）霉味和霉斑的控制。据报道，若采用 PET/PE 复合膜一般包装，只要牛肉干中水分含量控制在 17%，含盐量控制在 7%，则 10 个月不会发生霉变。若采用 PET/AL/PE 复合膜包装，即使含水量达到 20%，牛肉干储藏 10 个月也无霉变；若进行充氮包装，则 14 个月无变质。因此，含水量、含盐量、包装材料及方式等都会影响干肉制品的保质期。

2）脂肪的氧化及其控制

（1）脂肪的氧化。尽管干肉制品是用纯瘦肉加工而成的，但其中仍含有一定量的脂肪。另外，为了使干肉制品保持一定的柔软性和油润的外观，在加工过程中需添加适量的精炼油脂。来自这两方面的油脂在干肉制品的加工储藏过程中被氧化。其结果，一方面使肉制品的酸价升高，严重时伴有酸败味；另一方面在氧化的过程中产生对人体有害的物质，如过氧化物及其分解产物作用于细胞膜而影响细胞的功能。

（2）脂肪氧化的控制。国外干肉制品的酸价要求控制在 0.8 以下。要控制酸价，必须采取综合措施。

① 控制成品水分活度。研究表明，脂肪对氧的吸收率与水分活度显著相关。随着水分活度的降低，脂肪氧化的速度降低。当水分活度为 0.2～0.4 时，脂肪的氧化速度最低；当水分活度接近无水状态时，氧化速度又增加，且干肉制品的出品率降低，柔软性丧失。干肉制品的水分含量一般控制在 8%～16% 为宜。

② 选用新鲜原料肉，缩短生产周期。脂肪的吸氧量与原料肉停留时间成正比，因此原料肉进厂后，应进入预冷库并尽快投入生产。在生产过程中要避免堆积，以防肉块温度升高，加速脂肪的氧化反应。

③ 选择合理的干燥工艺及设备。干肉制品的干制过程中，温度过高或时间过长都会加速脂肪的氧化速度。要根据肉块的大小、厚薄、形态及糖等辅料的添加量确定出恒速干燥阶段和降速干燥阶段所需要的温度和时间，确定出合理的干燥工艺参数，尽可能减少高温烘烤时间。一般来讲，在恒速干燥阶段，可采用较高温度除去表面的自由水分；进入降速干燥阶段后，要适当降低烘烤温度，甚至可采取回潮与烘烤交替的工艺烘干，以加快脱水速度，减少高温处理时间。

④ 添加油脂的类型。干肉制品中添加油脂可使成品柔软油润，但添加的油脂必须是经过精炼的、酸价很低的、不饱和脂肪酸较多的油脂。

⑤ 添加脂类氧化抑制剂。用于干肉制品的抗氧化剂种类很多。干肉制品中的抗氧化剂包括防止游离基产生剂 [（乙二胺四乙酸，EDTA）、儿茶酚等] 和游离基反应阻断剂（生育酚、没食子酸丙酯等）两种。

六、几种干肉制品的加工

1. 肉干加工

1）上海咖喱猪肉干

上海咖喱猪肉干是上海市著名的风味特产。肉干中含有的咖喱粉是一种混合香料，颜色为黄色，味香辣，很受人们的喜爱。

（1）工艺流程：原料选择与整理→预煮、切丁→复煮、翻炒→烘烤→成品。

（2）原料、辅料：猪瘦肉 50kg、精盐 1.5kg、白糖 6kg、酱油 1.5kg、高粱酒 1kg、味精 250g、咖喱粉 250g。

（3）加工工艺：

① 原料选择与整理。选用经过卫生检验合格的新鲜的猪后腿或大排骨的精瘦肉，剔除皮、骨、筋、膘等，切成 0.5～1kg 的肉块。

② 预煮、切丁。坯料倒入锅内，并放满水，用旺火煮制，煮到肉无血水时便可出锅。将煮过的肉块切成长 1.5cm、宽 1.3cm、厚 1.5cm 的肉丁。

③ 复煮、翻炒。肉丁与辅料同时下锅，加入白汤 3.5～4kg，用中火边煮边翻炒，开始时炒慢些，到卤汁快烧干时稍快一些，不能粘锅底，一直炒至汁干后才出锅。

④ 烘烤。出锅后，将肉丁摊在铁筛子上，要求均匀，然后送入 60～70℃烤炉或烘

房内烘烤 6～7h。为了均匀干燥，防止烤焦，在烘烤时应经常翻动，当产品表里均干燥时即为成品。

（4）质量标准：成品外表黄色，里面深褐色，呈整粒丁状，柔韧甘美，肉香浓郁，咸甜适中，味鲜可口。出品率一般为 42%～48%。

2）麻辣猪肉干

麻辣猪肉干风味特殊且佳，为佐酒助餐食品。

（1）工艺流程：原料选择与整理→煮制→油炸→成品。

（2）原料、辅料：猪瘦肉 50kg、食盐 750g、白酒 250g、白糖 0.75～1kg、酱油 2kg、味精 50g、花椒面 150g、辣椒面 1～1.25kg、五香粉 50g、大葱 500g、鲜姜 250g、芝麻面 150g、香油 500g、植物油适量。

（3）加工工艺：

① 原料选择与整理。选用经过卫生检验合格的新鲜猪前、后腿的瘦肉，去除皮、骨、脂肪和筋膜等，冲洗干净后切成 0.5kg 左右的肉块。

② 煮制。将大葱挽成结，姜拍碎，把肉块与葱、姜一起放入清水锅中煮制 1h 左右出锅摊晾，顺肉块的肌纤维切成长约 5cm，宽、高均 1cm 的肉条，然后加入食盐、白酒、五香粉、酱油 1.5kg，拌和均匀，放置 30～60min 使之入味。

③ 油炸。将植物油倒入锅内，使用量以能淹浸肉条为原则。将油加热到 140℃左右，把已入味的肉条倒入锅内油炸，不停地翻动，等水响声过后，发出油炸干响声时，即用漏勺把肉条捞出锅，待热气散发后，将白糖、味精和余下的酱油搅拌均匀后倒入肉条中拌和均匀，晾凉。取炸肉条后的熟植物油 2kg，加入辣椒面拌成辣椒油，再依次把熟辣椒油、花椒面、香油、芝麻面等放入凉后的肉条中，拌和均匀即为成品。

（4）质量标准：产品呈红褐色，为条状，味麻辣，干且香。

2. 肉松加工

1）太仓肉松

太仓肉松是江苏省的著名产品，历史悠久，闻名中外。

（1）工艺流程：原料选择与整理→煮制→炒制→成品。

（2）原料、辅料：猪瘦肉 50kg、食盐 1.5kg、黄酒 1kg、酱油 17.5kg、白糖 1kg、味精 100～200g、鲜姜 500g、大茴香 250g。

（3）加工工艺：

① 原料选择与整理。选用经过卫生检验合格的新鲜猪后腿瘦肉为原料，剔除骨、皮、脂肪、筋膜及各种结缔组织等，切成拳头大的肉块。

② 煮制。将瘦肉块放入清水（水浸过肉面）锅内预煮，不断翻动，使肉受热均匀并撇去上浮的油沫。约煮 4h 时，稍加压力，肉纤维可自行分离，加入全部辅料再继续煮制，直到汤煮干为止。

③ 炒制。取出鲜姜和大茴香，采用小火，用锅铲一边压散肉块，一边翻炒，勤炒

勤翻，操作要轻并且均匀。当肉块全部炒松散和炒干时，颜色由灰棕色变为金黄色的纤维疏松状即为成品。

（4）质量标准：成品色泽金黄，有光泽，呈丝绒状，纤维疏松，鲜香可口，无杂质，无焦现象。水分含量≤20%，含油分8%～9%。

2）福建肉松

福建肉松为福建著名传统产品。福建肉松的加工方法与太仓肉松的加工方法基本相同，只是在配料上有区别。另外，加工方法上增加油炒工序，制成颗粒状，产品因含油量高而不耐储藏。

（1）工艺流程：原料选择与整理→煮肉炒松→油酥→成品。

（2）原料、辅料：猪瘦肉50kg、白糖5kg、白酱油3kg、黄酒1kg、味精75g、猪油7.5kg、面粉4kg、桂皮100g、鲜姜500g、大葱500g、红曲米适量。

（3）加工工艺：

① 原料选择与整理。选用经过卫生检验合格的新鲜猪后腿精瘦肉，剔除肉中的筋腱、脂肪及骨等，顺肌纤维切成0.1kg左右的肉块，用清水洗净并沥干水。

② 煮肉炒松。将洗净的肉块投入锅内，并放入桂皮、鲜姜、大葱等天然香辛料，加入清水进行煮制，不断翻动，撇去浮油。当煮至用铁铲稍压即可使肉块纤维散开时，再加入红曲米、白糖、白酱油等。根据肉质情况决定煮制时间，一般需煮4～6h，待锅内肉汤收干后出锅，放入容器晾透。然后把肉块放在另一锅内进行炒制，用小火慢炒，让水分慢慢地蒸发。当炒至肉纤维不成团时，再改用小火烘烤，即成肉松坯。

③ 油酥。在炒好的肉松坯中加入黄酒、味精、面粉等，等搅拌均匀后，再放到小锅中用小火烘焙，随时翻动。待大部分肉松坯成为酥脆的粒状时，用筛子把小颗粒筛出，剩下的大颗粒肉松坯倒入加热到200℃左右的猪油中，不断搅拌，使肉松坯与猪油均匀结成球形圆粒，即为成品。熟猪油加入量一般为肉松坯质量的40%～60%，夏季少些，冬季可多些。

（4）质量标准：成品呈红褐色，颗粒状，大小均匀，油润酥软，味美香甜，香气浓郁，不含硬粒，无异味。

3）鸡肉松

鸡肉松是用鸡肉为原料加工制成的肉松制品，其营养丰富，味清香，是人们较喜欢的一种干制品。

（1）工艺流程：原料选择与整理→烧煮→炒松→擦松→成品。

（2）原料、辅料：带骨鸡肉50kg、食盐1.25kg、白糖2.2kg、黄酒250g、鲜姜250g。

（3）加工工艺：

① 原料选择与整理。选择健康肥嫩活鸡作为加工原料，将鸡宰杀、去毛，去头、脚和内脏后洗净鸡体。

② 烧煮。把鸡体放入锅内，加入适量的水和生姜，先用大火煮沸，撇去水面浮物，后改用小火煮3h左右，煮制过程需不断上下翻动。然后捞出拆骨、去皮，取出鸡肉块

并压散，再放入经过滤的原汤中，加入其他辅料，继续煮 3h，边煮边撇净油脂，否则，制成的鸡肉松不能久存。当煮至快干锅时，端锅离火。

③ 炒松。将煮好的鸡肉放入洁净的锅内，用微火炒 1～2h，不停地用铲子翻炒，并将肉块压散，干度适宜时便可取出。

④ 擦松。将炒好的肉料放在盘内，用擦松板揉搓，搓时用力要适度，当肉丝擦成蓬松的纤维状时即为成品。

（4）质量标准：成品色白微黄，纤维细长柔软，有弹性，甜咸适度。

4）肉松的国家卫生标准

（1）感官指标。肉松的感官指标如表 5-2 所示。

表 5-2　肉松的感官指标

项目	指标	
	太仓肉松	福建肉松
色泽	浅黄色、浅黄褐色或深黄色	黄色、红褐色
气味	具有肉松固有的香味，无焦臭味、无哈喇味等异味	
滋味	咸甜适口，无油涩味	
形态	绒絮状，无杂质、焦斑和霉斑	微粒状或稍带绒絮，无杂质、焦斑和霉斑

（2）理化指标。肉松的理化指标如表 5-3 所示。

表 5-3　肉松的理化指标

项目	指标	
	太仓肉松	福建肉松
水分/%	≤20	≤8
食品添加剂	按 GB 2760—2014 执行	

（3）微生物指标。肉松的微生物指标如表 5-4 所示。

表 5-4　肉松的微生物指标

项目	指标
细菌总数/（个/g）	≤30000
大肠菌群/（个/100g）	≤40
致病菌	不得检出

注：致病菌指肠道致病菌及致病性球菌。

3. 肉脯加工

1）靖江猪肉脯

靖江猪肉脯是江苏省靖江著名的风味特产，以"双鱼牌"猪肉脯质量最优，该制品在国内外颇具盛名，曾获国家金质奖。

（1）工艺流程：原料选择与整理→冷冻→切片、拌料→烘干→烤熟→成品。

（2）原料、辅料：猪瘦肉 50kg、白糖 6.75kg、酱油 4.25kg、味精 250g、胡椒粉 50g、鲜鸡蛋 1.5kg。

（3）加工工艺：

① 原料选择与整理。选用经过卫生检验合格的新鲜猪后腿瘦肉为原料，剔除骨头，修净肥膘、筋膜及碎肉，顺肌肉纤维方向分割成大块肉，用温水洗去油腻杂质，沥干水分。

② 冷冻。将沥干水的肉块送入冷库速冻至肉中心温度达到−2℃即可出库。冷冻的目的是便于切片。

③ 切片、拌料。把经过冷冻后的肉块装入切片机内切成 2mm 厚的薄片。将辅料混合溶解后，加入肉片中，充分拌匀。

④ 烘干。把入味的肉片平摊于特制的筛筐上或其他容器内（不要上下堆叠），然后送入 65℃的烘房内烘烤 5～6h，经自然冷却后即为半成品。

⑤ 烤熟。将半成品放入 200～250℃的烤炉内烤至出油，呈棕红色即可。烤熟后用压平机压平，再切成 12cm×8cm 规格的片形即为成品。

（4）质量标准：成品颜色棕红透亮，呈薄片状，片形完整，厚薄均匀，规格一致，香脆适口，味道鲜美，咸甜适中。

2）牛肉脯

牛肉脯以牛肉作为原料，其制作考究，全国各地均有制作，但辅料和加工方法略有不同。

（1）工艺流程：原料选择与整理→冷冻→切片、解冻→调味→铺盘→烘干→切形→焙烤→成品。

（2）原料、辅料：牛肉 20kg、食盐 100g、酱油 400g、白糖 1.2kg、味精 200g、大茴香 20g、姜末 10g、辣椒粉 80g、山梨酸 10g、抗坏血酸钠 10g。

（3）加工工艺：

① 原料选择与整理。挑选不带脂肪、筋膜的合格牛肉，以后腿肌肉为好。把牛肉切成约 25cm 见方的肉块。

② 冷冻。将整理后的腿肉放入冷冻室或冷冻柜中冷冻，冷冻温度在−10℃左右，冷冻时间为 24h，肉的中心温度达到−5℃时为最佳。

③ 切片、解冻。将冷冻的牛肉放入切片机或进行人工切片，厚度一般控制在 1～1.5mm，切片时必须顺着牛肉的纤维切。然后把冻肉片放入解冻间解冻，注意不能用水冲洗肉片。

④ 调味。将辅料与解冻后的肉片混合并搅拌均匀，使肉片中的盐溶蛋白溶出。

⑤ 铺盘。一般为手工操作。先用食用油将竹盘刷一遍，然后将调味后的肉片平铺在竹盘上，肉片与肉片之间由溶出的蛋白胶相互粘住，但肉片之间不要重叠。

⑥ 烘干。将铺平在竹盘上的已连成一大张的肉片放入 55～60℃的烘房内烘干，需

2～3h。烘干至含水量为25%为佳。

⑦ 切形。烘干后的牛肉片是一大张，把大张牛肉片从竹盘上揭起，切成边长为6～8cm的正方形或其他形状。

⑧ 焙烤。把切形后的牛肉片送入200～250℃的烤炉中烤制6～8min，烤熟即为成品，不得烤焦。

（4）质量标准：成品为红褐色，有光泽，呈片状，形状整齐，厚薄均匀，咸甜适中，无异味，肉质松脆，味道清香。

3）美味禽肉脯

美味禽肉脯是以禽类的胸部和腿部肌肉作为加工的主要原料而制作的风味独特的肉脯制品，全国各地均有加工。

（1）工艺流程：原料选择与整理→斩拌→摊盘→烤制→压平、切块→成品。

（2）原料、辅料：禽瘦肉50kg、白糖6.5～7.5kg、鱼露4kg、白酒250g、味精250g、鸡蛋1.5kg、白胡椒粉100g、红曲米适量。

（3）加工工艺：

① 原料选择与整理。选用健康家禽的胸部和腿部肌肉。将选好的原料拆骨，去除皮、皮下脂肪和筋膜等，洗净后切成小肉块。

② 斩拌。将小肉块倒入斩拌机内进行剁制、斩碎5～8min，边斩拌边加入各种辅料，并加入适量的冷水调和。斩拌结束后，静置20min，让调味料充分渗入肉中。

③ 摊盘。将烤制用的筛盘先刷一遍油，然后将斩拌后的肉泥摊在筛盘上，厚度为2mm左右，厚薄均匀一致。

④ 烤制。把肉料连同筛盘放进65～70℃的烘房中烘4～5h，取出自然冷却。再放进200～250℃的烤炉中烤制1～2min，至肉片收缩出油即可。

⑤ 压平、切块。用压平机将烤制好的肉片压平，切成8cm×12cm的长方形，即为成品。

（4）质量标准：成品色泽棕红，肉质松脆，美味可口，香味浓郁。

4）肉干、肉脯的国家卫生标准

（1）感官指标。肉干、肉脯具有特有的色、香、味、形，无焦臭、哈喇味等异味，无杂质。

（2）理化指标。肉干、肉脯的理化指标应符合表5-5的规定。

表5-5　肉干、肉脯的理化指标

项目	指标	
	肉干	肉脯
水分/%	≤20	≤22
食品添加剂	按GB 2760—2014执行	

（3）微生物指标。肉干、肉脯的微生物指标应符合表5-6的规定。

表 5-6　肉干、肉脯的微生物指标

项目	指标
细菌总数/（个/g）	≤10000
大肠菌群/（个/100g）	≤30
致病菌	不得检出

注：致病菌指肠道致病菌及致病性球菌。

哈尔滨五香牛肉干的加工

一、要点

（1）熟悉哈尔滨五香牛肉干的工艺流程和操作要点。

（2）掌握煮制和复煮工序的控制和参数。

（3）学会原料的选择与预处理。

（4）能够独立完成煮制设备的使用与维护、烘干设备的使用和烘干条件的选择。

哈尔滨五
香牛肉干
的加工

二、相关用品

冷藏柜、台秤、案板、刀具、烤盘、煤气灶（或炉具）、电热鼓风干燥箱、蒸煮锅、汤勺、烤炉、包装机。

三、材料与配方

（1）煮肉配料：牛瘦肉 100kg、精盐 1.5kg、桂皮 7g、大茴香 7g。

（2）半成品加工成成品配料：熟牛肉 22.5kg、精盐 300g、甘草粉 90g、味精 100g、姜粉 50g（没有姜粉可用鲜姜汁 150g）、辣椒面 100g、白糖 280g、安息香酸钠 25g、酱油 3.25kg、黄酒 750g（如用牛头肉加工，则改用黄酒 1.5kg，另加白酒 250g，以解腥膻味）。

四、工艺流程

原料选择与整理→浸泡→煮制→晾凉→切块→复煮→烘烤→包装→成品。

五、操作要点

1. 原料选择与整理

选择经卫生检验合格的完全没有筋和油脂的牛瘦肉为原料，切成 500g 左右的小块。

2. 浸泡

把切好的肉放到凉水池里浸泡 1h，脱出血水，并彻底洗净，捞出，控干水分。

3. 煮制

把控干水分的肉投入锅里，加入其他煮肉配料和凉水，一起煮沸，温度要保持在 90℃以上，要经常用汤勺翻动肉块，使其上下煮得均匀，还要随时撇除汤里的油脂。煮 90min后要经常用刀把肉块切开看看，见到肉块内部变成粉白色（约七成熟）就可出锅。

4. 晾凉

将出锅后的肉块放在不锈钢托盘中晾透。

5. 切块

把熟肉中尚存的筋膜剔尽，把边肉修掉后切成 $1cm^3$ ［或 0.5cm（厚）×3cm（宽）×5cm（长）］的小肉块。

6. 复煮

按半成品加工成成品的配料标准，把一次煮肉的汤汁、精盐、甘草粉、姜粉、辣椒面、安息香酸钠、白糖、酱油放在锅内一起调匀后，再把切好的肉块也倒入锅中。用中火煮，待锅里的汤快要熬干时，再把黄酒和味精倒入炒一会儿，出锅，盛到烤盘内摊开，摆到架子上晾凉。

7. 烘烤

先把烘炉预热，再把烤盘摆到烤架上烘。炉温经常保持 50~60℃，每隔 1h 就要按顺序把烤盘上下换一次，同时把烤盘中的肉干上下翻动和铺平一次，经 7h 左右，肉干变硬即可取出，放通风处晾透即为成品。22.5kg 熟牛肉可生产出 15kg 左右的牛肉干。

8. 包装

牛肉干应装入封闭的陶瓷器皿中或装入塑料袋、纸袋、纸盒中，同时装入脱氧剂，放在干燥和低温处，一般可保存 1~2 个月。

六、注意事项

（1）在复煮过程中要经常用铁铲翻动肉块，初期可以略盖锅盖焖一焖，到了后期需要不停地翻动，以防粘锅底。

（2）煮制后如果晚间出锅，晾凉时肉块要单行摆开，防止堆在一起时间过长，从而捂坏。

（3）烘烤中若使用换气干燥设备，往烘炉内添加燃料或压灰时，应把肉干取出，以免灰尘落在肉干上，影响成品质量。

七、质量标准

1. 感官指标

肉干呈棕黄色、褐色和黄褐色，色泽基本均匀，成片、条、颗粒，大小基本均匀，表面可带有细小纤维或天然香辛料，具有该品种特有的香气和滋味，咸甜适中，无肉眼可见杂质。

2. 理化指标

肉干的理化指标如表5-7所示。

表5-7　肉干的理化指标　　　　　　　　单位：g/100g

检测指标	检测量
水分	≤20
氯化物	≤5
蛋白质	≥30
脂肪	≤10
总糖	≤35

3. 微生物指标

肉干的微生物指标如表5-8所示。

表5-8　肉干的微生物指标

检测指标	检测量
菌落总数/（个/g）	10000
大肠菌群/（个/100g）	≤30
致病菌（沙门氏菌、金黄色葡萄球菌、志贺氏菌）	不得检出

八、完成生产记录单

根据所学知识加工五香牛肉干，完成生产记录单（表5-9）。

表5-9　五香牛肉干的生产记录单

任务	生产记录		备注
生产方案的制订	原配方：		
	修改后配方：		

任务	生产记录			备注
	材料名称	质量	处理方法	
材料选择与整理				
	所需设备及使用方法：			
浸泡	浸泡用水温度： 浸泡时间： 清洗标准： 控干水分方法：			
煮制	所需设备及使用方法： 煮制时间： 煮制温度： 煮制程度：			
晾凉	所需用具： 晾凉程度：			
切块	所需用具及注意事项： 块丁规格： 块丁质量：			
复煮	所需设备及使用方法： 复煮温度： 复煮时间： 复煮程度：			
烘烤	所需设备及使用方法： 烘烤温度： 烘烤时间及翻动次数： 烘烤结束产品状态：			
包装	包装材料及规格： 标签内容：			
成品检验	感官指标检验及结果： 微生物指标检验及结果：			

续表

任务	生产记录	备注
产品展示、自评及交流	产品照片： 产品评价： 产品改进措施： 产品出品率： 成本核算：	

课后习题

一、填空题

1. 干肉制品主要包括_____、_____、_____三大类。

2. 肉品干制时，按产品所处的压力不同，可将干制方法分为_____、_____。

3. 常压干燥过程包括_____和_____两个阶段。

4. 常压干燥时其干燥速度是由水分的_____速度和_____速度决定的。

5. 常压干燥时温度较高，常导致成品_____、_____等，但干肉制品特有的_____也在此过程中形成。

6. 影响肉类制品干制的因素有_____、_____、_____、_____、_____。

7. 肉类在干制时一方面要进行适当的处理，减少制品中_____；另一方面干制后要采用合适的_____和_____，防潮、防污染。

二、单项选择题

1. 在真空条件下进行肉类的加热干制时，可以在（　　）下进行。

A．低温　　　　　　B．常温　　　　　　C．高温　　　　　　D．不能确定

2. 肉品进行常压干燥时，对内部水分扩散影响很大的因素是（　　）。

A．肉块大小　　　B．温度　　　　　　C．湿度　　　　　　D．空气流速

3. 大规模生产很少采用，只在某些产品加工中作为辅助工序的干制方法是（　　）。

A．自然干燥　　　B．烘炒干制　　　　C．烘房干燥　　　　D．微波干燥

4. 在短时内即可达到干燥目的且使肉块内外受热均匀，表面不易焦煳的干燥方法是（　　）。

A．自然干燥　　　B．烘炒干制　　　　C．烘房干燥　　　　D．微波干燥

5. 肉脯加工时，应采用的烘干工艺条件为（　　　）。

A. 低温长时　　　B. 高温短时　　　C. 中温长时　　　D. 中温短时

6. 下列不属于肉干加工工艺的是（　　　）。

A. 低温长时烘烤　B. 高温短时烘烤　C. 中温长时烘烤　D. 高温油炸

三、多项选择题

1. 肉松加工时，不包括的工艺是（　　　）。

A. 炒松　　　　　B. 跳松　　　　　C. 擦松　　　　　D. 破松

2. 肉置于干燥空气中，所含水分自表面蒸发而逐渐干燥。为加速干燥，则需扩大表面积，因而常将肉切成（　　　）。

A. 片状　　　　　B. 粒状　　　　　C. 丁状　　　　　D. 丝状

3. 与常压干燥相比，真空干燥存在着水分的内部扩散和表面蒸发，因此（　　　）。

A. 芳香风味形成　　　　　　　　　B. 干燥时间缩短

C. 表面硬化现象减小　　　　　　　D. 品质无变化

4. 肉松加工时，在炒松过程中，为保证成品质量要严格控制（　　　）。

A. 肉松添加量　　B. 火候　　　　　C. 水分含量　　　D. 肉煮至程度

四、判断题

1. 现代干肉制品加工，主要目的是储藏，同时满足消费者的各种喜好。（　　　）

2. 肉品干制既是一种保存手段，又是一种加工方法。（　　　）

3. 一般干燥条件下，可以使肉制品中的微生物完全致死，故干肉制品保质期长。

（　　　）

4. 采用升华干燥时，无水分的内部扩散现象，而是由表面逐渐移至内部进行升华干燥。

（　　　）

5. 降速干燥阶段将除去肉中绝大部分的游离水。（　　　）

6. 肉品进行常压干燥时，温度对内部水分扩散的影响很大。（　　　）

7. 对肉制品色、味、香、形几乎无任何不良影响的现代最理想干燥方法是冻结干燥。

（　　　）

8. 肉干加工时，用烘烤法进行干制。如果烘烤温度过高，则肉干颜色发黑，味道发苦，有煳焦味。（　　　）

9. 肉干加工不能采用油酥的方法。（　　　）

10. 冷冻干燥又称冷冻升华干燥。（　　　）

五、名词解释

1. 干肉制品　2. 烘房干燥

六、简答题

1. 简述肉制品干制的原理。
2. 肉类干制的方法有哪些？
3. 哈尔滨五香牛肉干加工对原料选择有何要求？
4. 简述哈尔滨五香牛肉干的工艺流程。

七、论述题

1. 试述干肉制品的分类及其特点。
2. 如何控制哈尔滨五香牛肉干的烘烤工序？
3. 如何控制哈尔滨五香牛肉干煮制工序？
4. 简述太仓肉松加工的工艺流程及操作要点。
5. 结合实训体会，试述哈尔滨五香牛肉干加工中的注意事项。

参考答案

项目六　肉丸制品生产技术

奋斗副食店是哈尔滨市集众多肉灌制品于一家的大型食品店，其生产的肉丸深受消费者喜爱，主要原因是价格低廉，质量好。假如公司领导要求你所在的中式产品工段也生产此质量的肉丸，你就要掌握肉丸的生产工艺和操作要点。

任务　鸡肉丸的加工

◎ 具体任务

根据教师提供的学习资料和网络教学资源，小组同学自学肉丸制品的基础知识，在教师的指导下完成学习汇报 PPT。制订鸡肉丸的加工方案，按照肉制品生产企业的规范操作，完成鸡肉丸的加工。

◎ 任务准备

各组学生分别完成如下准备工作：
（1）根据教师提供的资料和网络教学资源，通过自学方式掌握肉丸制作的基础知识。
（2）根据学习的资料拟定汇报提纲。
（3）根据教师和同学的建议修改汇报提纲，制作汇报 PPT。
（4）按照汇报提纲进行学习汇报。
（5）能够根据肉丸的基础知识，制订鸡肉丸的加工方案。
（6）根据教师和同学的建议修改鸡肉丸的加工方案。
（7）按照制订的鸡肉丸的加工方案独立完成生产任务、填写生产记录单。

◎ 任务目标

（1）能够与小组同学合作完成方案的制订和汇报。
（2）能够正确选择、称重原辅材料。
（3）能够正确使用斩拌机、肉丸成型机。

（4）选择合适的方法处理原辅材料、配料。

（5）设计好斩拌投料顺序并能正确进行斩拌操作。

（6）会正确使用搅拌设备。

（7）能根据订单要求设计肉丸的大小和选用模具。

（8）会正确使用水煮设备。

（9）能根据生产量选择水煮温度和时间。

（10）会正确使用预冷、冻结、包装设备。

（11）能按要求进行预冷、冻结和包装。

（12）对肉丸生产中出现的质量问题提出整改建议，能独立完成肉丸制作并核算产品出品率。

一、肉丸制品的概念及分类

1. 概念

肉丸通常由薄皮包裹肉质馅料通过蒸煮烹制而成。肉馅通过薄皮包裹，能更好锁住肉质的营养和美味，让肉质更加鲜嫩可口。

2. 分类

肉丸按所使用的原料分类，有猪肉丸、鸡肉丸、牛肉丸、羊肉丸、鱼肉丸、虾肉丸等品种。每一个品种根据所添加的辅料不同和油炸与否，又分化出好多品种。按加工方式可分为水煮肉丸、油炸肉丸；按花色品种可分为传统肉丸、夹馅肉丸、螺纹肉丸等。由于我国幅员辽阔，饮食习惯、口味的要求差异较大，因此肉丸的品种呈现出多样化。肉丸产品是消费者比较喜爱的一种大众食品。

二、肉丸制品的加工设备

1. 绞肉机

目前国内外有多种型号的绞肉机。有的是多孔眼圆盘状板刀，板刀的孔眼又有锥形和直孔，孔眼直径根据工艺要求确定。有的绞刀则呈"十"字形，其刀刃宽而刀背窄，厚度也较圆盘状刀厚 3～5 倍。不管圆盘式还是"十"字形的绞肉机，其内部都有一个螺旋推进装置（也称绞龙），原料从进料口投入后通过螺旋推进，送至刀刃而进行绞肉。绞刀的外面则是多孔漏板，漏板孔径可调整。绞肉时必须注意以下几点。

（1）绞肉机螺旋体的推进装置容易将操作人员的手卷进挤伤，所以最好采用连续自动送料或者将进料口做得大一些、高一些，并设置防护装置。

（2）绞肉机的进料口漏斗应经常保持满料，切不可使绞肉机空转，否则可能损坏绞刀。

（3）进入绞肉机的肉料应拣净小碎骨及软骨、硬筋，以防孔板眼被堵塞。

（4）绞出的肉不要堆积在孔板的出口处，否则会增加进料口漏斗自行卸料的阻力。

（5）绞肉机使用时不要超载，绞冻肉或其他硬肉时要先用粗孔眼的板刀，再用细孔眼的板刀，这样可减少设备的损坏。

2. 斩拌机

斩拌所用机械为斩拌机，斩拌机（图 6-1）一般设有几个不同的速度，效率很高。这种机器内部还装有液压控制喷射器，能使搅拌的原料顺利地从斩肉盘中排出。机器的切割部分像一个大铁盘，盘上安装有固定并可高速旋转的刀轴，刀轴上附有一排刀，刀随着盘的转动而转动，从而把肉块切碎。有的在机器上附加了抽真空的设备，这是为了适应生产肉丸必须排出原料中所含有的空气而设置的。这种机器可以充分保证肉糜的混合与乳化质量，节省生产时间，占地面积小，生产效率高，清洁卫生。同时，还可以通过 6 个不同的速度调节生产。斩拌过程中温度要控制在 15℃以下，否则，温度过高，会影响肉馅的乳化效果，降低制品的保水性、口感等，使产品质量变差。

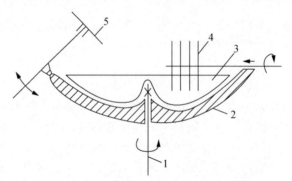

1—轴；2—壳体；3—斩肉盘；4—斩切刀；5—出料器。

图 6-1　斩拌机

3. 肉丸成型机

现在国内有多家工厂在生产肉丸成型机，其原理是以机器模拟人手挤肉丸的动作。大致描述如下：在机架上固定有一个套筒，在套筒上固定有进料仓，用于储存原料肉馅。在套筒内设置有一个螺旋推进杆，使原料肉馅在螺旋的压力下向下运动。在套筒的下部连接刀具，将从进料仓挤压下来的馅料切成大小相等的份。

4. 速冻机

速冻装置为连续式螺旋单体速冻机，该装置在食品工厂较为常见。其原理为在一个近似密闭保温的装置下，将产品放置在不锈钢轨道上（需冻结）通过装置的一侧，其沿螺旋式通道从装置的另一侧出来（已冻结）。该轨道围绕在一组或几组制冷排管的四周，通过风机的吹动，使装置内的空气同制冷排管进行热交换，使速冻机内达到－40～－35℃的低温，最终使产品在低温下快速冻结。

三、肉丸制品的工艺流程及其说明

1. 工艺流程

以鸡肉丸为例，其生产工艺流程如下：原料肉选择→原辅材料处理→配料及调味→混合斩拌→肉丸成型→水煮→预冷→冻结、包装、冷藏→成品检验。

2. 工艺流程说明

1）原料肉选择

选择来自非疫区的经兽医卫生检验合格的新鲜（冻）去骨鸡肉和猪分割肉作为原料。由于鸡肉的含脂率太低，为提高产品口感、嫩度和弹性，添加适量的含脂率较高的猪肉是必要的。解冻后的鸡肉需进一步修净鸡皮，去净碎骨、软骨等，猪肉也需进一步剔除软骨、筋膜、淤血、淋巴结、浮毛等。

2）原辅材料处理

将品质优良的新鲜洋葱洗净、淋干水分，切成米粒大小；将大豆分离蛋白用斩拌机加片冰搅拌均匀，制成乳化蛋白；鸡蛋用之前应清洗消毒，打在清洁容器里，冷却后温度控制在7℃以下方可使用；将解冻后的鸡肉和猪肉切成条块状，用绞肉机在低温下绞制成肉糜。处理后的原辅材料应立即加工使用，避免长时间存放。

3）配料及调味

鸡肉65kg、猪肉35kg、洋葱20kg、大豆蛋白1.5kg、鸡蛋4kg、食盐1.2kg、大蒜粉1.0～1.5kg、良姜粉0.2kg、磷酸盐0.15kg、味精0.1kg、白胡椒粉0.15kg、片冰10kg，也可根据当地消费者喜好，添加相应的一些配料，如香菇、莲藕、马蹄、青菜等，以呈现不同的风味。

4）混合斩拌

把准确称量的原料肉的肉末倒在斩拌机里，先添加食盐和片冰充分斩拌均匀，再添加磷酸盐、鸡蛋、大豆蛋白和洋葱等辅料继续斩拌混合。如果添加淀粉，最后添加淀粉和少量片冰并斩拌均匀，以使肉浆的微孔增加，形成网状结构，整团肉浆能够掀起。整个斩拌过程的肉浆温度要控制在10℃以下。

5）肉丸成型

使用肉丸成型机完成肉丸的成型，肉丸的大小可用模具来调节。

6）水煮

肉丸成型后落入一个热水容器中，待肉丸浮起，捞出放入能够加热的不锈钢池中煮制。为保证煮熟并达到杀菌效果，热水水温控制在85℃左右，使产品的中心温度达到70℃，并维持1min以上。煮制时间不宜过短，否则会导致产品夹生，杀菌不彻底；煮制时间也不宜过长，否则会导致产品出油和开裂，而影响产品风味和口感。

7）预冷

水煮后的肉丸进入预冷间预冷，预冷间空气需用清洁的空气机强制冷却，预冷温度为0～4℃，要勤翻动，做到肉丸预冷均匀。当肉丸中心温度达到6℃以下时，进行速冻。注意，如果生产量小，也可以不进行预冷，直接采用速冻机进行速冻。

8）冻结、包装、冷藏

预冷后的产品进入速冻机冻结（速冻机温度为−35℃甚至更低），使产品温度迅速降至−18℃以下。出速冻机后迅速进行包装，包装肉丸按工艺规程和客户的订单进行计量，用薄膜小袋包装，质量误差应在允许范围内。将包装好的肉丸装入纸箱内，封口牢固，标签清晰，然后送入储藏库。

9）成品检验

按国家或企业标准进行产品形状、色泽、味道等感官指标和微生物指标检验，经检验合格，方可出厂。

四、肉丸制品生产的操作要点

1. 原料的制备

各种不同的原料肉都可用于肉丸生产，从而使产品具有各自的特点。不同原料肉的营养成分（如蛋白质、脂肪、水分和矿物质）的含量也不相同，并且颜色深浅、结缔组织含量及所具有的持水性、黏着性也不同。表6-1列出了常用于肉丸制品的27种肉的各种成分及性质，表中的各个数值只代表平均值，同一种原料肉中每块肉的值可能有很大差异，并且肉中未除去骨、碎骨、软骨和筋膜，但此表可扩大应用于机械脱骨肉和机械脱筋腱肉。了解肉的蛋白质、水分、脂肪、胶原蛋白的含量及颜色和黏着性，有利于加工厂进行加工，特别是对大的加工厂进行配方计算有很大的指导作用。

表6-1 常用于肉丸制品的27种肉的各种成分及性质（带骨、带筋腱和软骨）

原料肉	蛋白含量/%	水分含量/%	脂肪含量/%	胶原蛋白含量/%	颜色（指标）	黏着性（指标）
公牛肉，全胴体	20	68	11	20	100	100
母牛肉，全胴体	19	70	10	21	95	100
牛小腿肉	19	73	7	66	90	80
牛肩肉	18	61	20	30	85	85
牛肉边角料，90%瘦肉	17	72	10	30	90	85
牛肉边角料，75%瘦肉	15	59	25	38	85	80
牛胸肉	15	34	50	—	—	—
牛后腹肉	13	43	42	—	55	50
牛头肉	17	68	14	73	60	85
牛颊肉	17	68	14	59	10	85

续表

原料肉	蛋白含量/%	水分含量/%	脂肪含量/%	胶原蛋白含量/%	颜色（指标）	黏着性（指标）
牛肉去脂肪组织	20	59	20	—	30	25
小牛肉下脚料，90%瘦肉	18	70	10	—	70	80
羊肉	19	65	15	—	85	85
禽肉	19	67	12	—	80	90
猪肉边角料，50%瘦肉	10	39	50	34	35	55
猪肉边角料，80%瘦肉	16	63	20	24	57	58
猪前肩肉，95%瘦肉	19	75	5	23	80	95
猪前腿肉边角料，85%瘦肉	17	67	15	24	60	85
猪颊肉	6	22	72	43	20	35
修整猪颊肉	17	67	15	72	65	75
去脂肪猪肉组织	14	50	35	—	15	20
猪心肉	16	69	14	27	85	30
猪肚	10	74	15	—	20	5
牛心肉	15	64	20	27	90	30
牛肚	12	75	12	—	5	10
牛唇肉	15	60	24	—	5	20
牛喉管肉	14	75	11	—	75	80

2. 制馅斩拌

通过绞肉机、斩拌机等设备将原料肉中较大的肉块加工成可用于直接成型的乳化体，这一步骤直接关系到最终产品的组织状态，是加工肉丸的重要工序。

1）绞肉

绞肉在绞肉机中进行。绞肉机是把已切成的肉块绞成碎肉的一种机械，经过绞肉机绞出来的肉可以同其他辅料混合在一起制成各种不同风味的馅料。

2）斩拌

斩拌是指利用斩拌机快速旋转的刀片对物料进行斩切，使肌肉组织的蛋白质不断释放出来，与脂肪、水等进行充分乳化，从而形成稳定的弹性胶体。同时将剁碎的原料肉与添加的各种辅料相混合，使之成为达到工艺要求的物料。

3. 成型

使用肉丸成型机进行成型，根据客户需求生产不同形状的肉丸，一般为规则或不规则的圆形。成型以后的肉丸直接由肉丸成型机掉落至煮锅或油炸机中进行蒸煮或油炸操作。

4. 热处理

热处理有水煮、蒸煮、油炸3种不同的加热方式，但最为常见的是水煮肉丸。蒸煮加热过程中不宜煮沸，因温度过高，会导致其表面结构粗糙，蛋白质剧烈变性，产生硫化物，影响肉丸的风味。控制中心温度 75~80℃，既可达到消毒杀菌的目的，又可保存肉丸的营养成分和嫩度。

水煮肉丸常使用煮锅进行蒸煮，该设备由机体（不锈钢无盖长方体）、蒸汽加热管、排放阀等组成，具有结构简单、操作方便、工作效率高、费用低等优点。但该设备自动化程度较低，常需要人工进行辅助加工。另外，在使用煮锅时要注意其四壁的保温情况，防止热量丢失严重，造成能源浪费。

5. 冷却

常见的冷却有冷水冷却和冷空气冷却。国内大部分企业采用冷水冷却的方式，该方式操作简单，冷却迅速，但需要使用大量的流动净水，而且微生物较难控制。常用的设备为冷却水槽，其常使用不锈钢焊接制造，原理较为简单，工厂可自行焊接。

6. 速冻

使用单体速冻机进行速冻，温度一般设定在 −40~−35℃，然后包装入库。

五、肉丸制品的质量控制及评价要点

1. 配料影响

1）原料肉不同造成的影响

肉品种类、饲养方式、饲养时间及所使用饲料的不同，造成原料肉中蛋白质和水的比例、瘦肉和脂肪的比例、肉的持水性、色素的相对含量等都不相同。如果要制造出风味均一的产品，就要保证所使用原料的均一性，这是肉制品保持其味道的关键。

原料肉可以按其作为黏合剂的黏着能力进行分类，肉的黏合性是指肉所具有的乳化脂肪和水的能力，也指其具有使瘦肉粒黏合在一起的能力。具有黏合性的肉又可以分为高黏合性肉、中等黏合性肉和低黏合性肉，一般认为牛肉中骨骼肌的黏合性最好，如牛小腿肉、去骨牛肩肉等。具有中等黏合性的肉包括头肉、颊肉和猪瘦肉边角料。具有低黏合性的肉包括含脂肪多的肉、非骨骼肌肉和一般的猪肉边角料、舌肉边角料、牛胸肉、横膈膜肌等。很少或几乎没有黏合性的肉称为填充肉，这些肉包括牛胃、猪胃、唇、皮肤及部分去脂的猪肉和牛肉组织，这些肉具有营养价值，但在肉丸制品生产中应限制使用。

2）食盐用量对肉丸质量的影响

食盐在肉丸制作过程中主要起到调味和抽提盐溶性蛋白质的作用。随着食盐量的增加，抽提出的盐溶性蛋白质越多，制得的肉丸的弹性和硬度越高，但滋味等由于变咸而下降。食盐用量为3%时，肉丸的综合质量较好。

食盐的两种重要作用是改善产品风味和提高肌肉蛋白的持水性。肌动蛋白和肌球蛋白可溶于盐溶液中，促进其对水和脂肪的结合能力，这就避免了脂肪在加热过程中结合成团或移到产品表面形成脂肪层的现象。

3）淀粉用量对肉丸质量的影响

制作肉丸时加入淀粉可增强制品的弹性，但用量须适中，过少达不到要求，过多则会使制品发硬。一般淀粉用量以 10%～20% 为宜，此时制得的肉丸的综合质量较好。

4）磷酸盐用量对肉丸质量的影响

磷酸盐在鱼丸生产过程中的主要作用是增强盐溶性蛋白质的溶解能力，并提高制品的持水性，增加用量会显著改善肉丸的质量。不过磷酸盐必须和食盐同时使用才有上述效果，考虑到使用安全，用量以 0.2%～0.4% 为好。

5）加水量对肉丸质量的影响

在配方中，水常常被人们忽略，然而这是一种相当重要的非肉成分。如果制品只含有肉本身所固有的水分，那么生产出的产品将非常干燥，口味也很差。在斩拌或绞碎过程中，水常常以冰的形式加入，以防肉馅温度上升过高。制品中的水分可使产品多汁，并可促进盐溶性蛋白质溶解，因而能结合更多的脂肪。但制品中的水分过多，则会造成蛋白凝结性下降，使产品易碎，因此不同产品的水分和油脂含量需要根据产品特性及地域消费特点进行充分实验和设计。

为预测终产品的组成，了解各种原料肉的水分-蛋白质比例（moisture-protein ration，M∶P）是很重要的。有规定指出，终产品的水分含量不应超过 4×蛋白质含量 +10。如果原料肉中的水分-蛋白质比例低（如牛肉），在原料搅碎过程中可以加较多量的水，而如果水分-蛋白质比例高（如牛心肉），则加的水量就少。表 6-2 为一些肉的水分和蛋白质含量及水分-蛋白质比例，表中数据是平均值，其实际值与肉及肉中脂肪含量有关。

表 6-2　一些肉的水分和蛋白质含量及 M∶P 值

样品	水分含量/%	蛋白质含量/%	M∶P
一般猪肉边角料	29.0	7.0	4.1
猪颊肉	71.7	19.6	3.7
猪头肉	63.1	16.4	3.8
肩肉	72.0	20.0	3.6
公牛肉	73.6	21.2	3.4
牛胃	72.8	15.2	4.7
牛肉边角料	71.1	19.8	3.5
牛后腹肉	59.2	15.4	3.8
牛胸肉	70.6	19.2	3.7
牛心肉	79.0	16.0	4.9

2. 温度影响

为保证生产制品的品质，全程的温度控制不可避免。温度主要影响制品中的微生物繁殖和产品的凝结性。在每道工序中控制室温在一定的温度范围以内，以及尽可能快地操作是防范微生物大量繁殖的方法。加热煮制在肉丸生产过程中的主要作用是使蛋白质变性凝固，加热温度在 65℃以下时，蛋白酶的存在降解了部分蛋白质，使凝胶结构变软，制得的肉丸制品弹性不足。但加热温度也不能太高，否则蛋白质热分解及变性过度，同样使肉丸质量下降。加热时间则是以能使肉丸充分熟化而又不至于加热过度来确定的。大部分肉丸的加热中心温度以 75～80℃为宜。

鸡肉丸的加工

一、要点

（1）准确选择配方、判断原料肉部位和辅料种类。

（2）掌握鸡肉丸的加工工艺、质量控制方法。

（3）学会使用和维护绞肉机、斩拌机、肉丸成型机、蒸煮设备、速冻机等设备。

二、相关用品

工具：刀具、案板、不锈钢容器等。

设备：斩拌机、肉丸成型机、天平、台秤、温度计、不锈钢盆。

三、材料与配方

鸡胸肉 6kg、猪肥膘 2kg、淀粉 1.6kg、味精 60g、白糖 50g、精盐 150g。

四、工艺流程

原料的整理和切割→斩拌→成型→定型→煮制→包装→成品检验。

五、操作要点

1. 原料的整理和切割

制作鸡肉丸最好选择已成熟的新鲜急冻鸡胸肉为原料。原料肉去骨、去皮、去脂肪，保持干净无异物。在选择猪肥膘时，最好选择熔点较高的猪背部脂肪，制肉丸时所用的猪肥膘也应保持新鲜、干净。结冻使用最好。

2. 斩拌

先将全部的鸡肉斩至约 5mm 大小颗粒，再加入猪肥膘。斩至温度开始回升时逐渐加入淀粉，然后继续斩至所需的细致度。在斩拌过程中温度控制在 15℃以下，以保证所形成的乳化料稳定而有弹性。出料前要搅拌 4～5min，这样形成的乳化料细致、洁白又光亮

3. 成型

在肉丸成型机中完成，只需将肉料加入肉丸成型机中，调节孔径，使所制出的肉丸

呈圆形即可。

4. 定型

肉丸成型后直接投入 70℃左右的热水中定型 25min。

5. 煮制

定型后把肉丸放在 82～85℃的热水中煮 15min。

六、感官评价

形态：肉丸外形较圆，表面不是很光滑，颗粒较均匀。
色泽：呈肉色，均匀。
内部组织：肉丸切面细密，气孔细小均匀，指压不破。
口味：口感爽脆、有弹性，口味咸香，色泽润泽，味道鲜美、不油腻，鸡肉味十足。
卫生：表面清洁，内部无杂质。

七、计算出品率

肉制品出品率为用单位质量的动物性原料（如禽、畜的肉、皮等，不包括淀粉、蛋白粉、天然香辛料、冰水等辅料）制成的最终成品的质量与原料比值。如果用 100kg 的肉做出的最终产品的质量是 200kg，那么出品率就是 200%。

八、完成生产记录单

根据所学知识加工鸡肉丸，完成生产记录单（表 6-3）。

表 6-3　鸡肉丸的生产记录单

任务	生产记录			备注
生产方案的制订	原配方： 修改后配方：			
材料选择与处理	材料名称	质量	处理方法	
	所需设备及使用方法：			

续表

任务	生产记录	备注
混合斩拌	所需设备及使用方法： 混合顺序： 斩拌温度：	
肉丸成型	所需设备及使用方法： 肉丸大小：	
水煮	所需设备及使用方法： 水煮温度： 水煮时间：	
预冷、冻结、包装、冷藏	冷却所需设备及使用方法： 预冷温度及翻动次数： 预冷后肉丸温度： 冻结所需设备及使用方法： 速冻机温度： 肉丸质量及是否在误差内： 包装材料及包装规格： 标签内容：	
成品检验	感官指标检验及结果： 微生物指标检验及结果：	
产品展示、自评及交流	产品照片： 产品评价： 产品改进措施： 产品出品率： 成本核算：	

课后习题

参考答案

简答题

1. 简述鸡肉丸的生产工艺流程。

2. 举例说明影响肉丸质量的因素及改进措施。

3. 列举肉丸生产中的常用设备。

项目七　灌肠类制品生产技术

某经营各种灌肠肉制品的加工厂以欧式灌肠为主导产品，除生产著名的红肠、松仁小肚、风干肠、粉肠等名优产品外，还生产腊肠、广式腊肠、烤肠、啤酒肠等灌肠肉制品。该工厂采用"现做现卖"模式，集生产、销售功能于一体，通过透明生产、现场直销，缩短了储运时间、剔除了分销环节，提高了产品的安全性和新鲜度，让顾客买得满意、吃得放心。该工厂准备加工哈尔滨红肠，需要相关人员掌握哈尔滨红肠的生产工艺和操作要点。

任务　哈尔滨红肠的加工

◎ 具体任务

根据教师提供的学习资料和网络教学资源，小组同学自学灌肠制品的种类和产品特点、灌肠制品加工的原理和灌肠制品加工方法及设备，在教师的指导下完成学习汇报PPT。制订哈尔滨红肠的加工方案，按照肉制品生产企业的规范操作，完成哈尔滨红肠的加工。

◎ 任务准备

各组学生分别完成如下准备工作：
（1）根据教师提供的资料和网络教学资源，通过自学方式掌握灌肠类制品生产的基础知识。
（2）根据学习资料拟定汇报提纲。
（3）根据教师和同学的建议修改汇报提纲，制作汇报PPT。
（4）按照汇报提纲进行学习汇报。
（5）根据灌肠类制品生产的基础知识，制订哈尔滨红肠的加工方案。
（6）根据教师和同学的建议修改哈尔滨红肠的加工方案。
（7）按照制订的哈尔滨红肠的加工方案独立完成任务、填写生产记录单。

任务目标

（1）能够根据产品的特点，区分灌肠类制品的种类。
（2）能够根据灌肠类制品的种类特点，正确选用产品加工使用的原辅材料。
（3）能够正确书写哈尔滨红肠的加工工艺流程。
（4）能够正确选择灌肠类制品的加工生产设备，明了设备结构和操作方法。
（5）能够掌握灌肠类制品加工中各工序的操作要点。
（6）能够掌握灌肠类制品加工中各工序的质量控制方法。
（7）能够正确填写生产记录单。

知识
准备

灌肠制品最早的记载是在约 2800 年以前，古希腊的荷马史诗《奥德塞》中曾有描述。据考证，古巴比伦时就已开始生产和消费肠类制品。到中世纪，各种肠制品风靡欧洲，由于各地地理和气候条件的差异，形成了各种品种。在气候温暖的意大利、西班牙南部和法国南部开始生产干制和半干制香肠，而在气候比较寒冷的德国、澳大利亚和丹麦等国家，由于保存产品比较容易，开始生产鲜肠类和熟制香肠。以后由于天然香辛料的使用，灌肠制品的品种不断增加。

灌肠由拉丁文 salsus 得名，意指保藏或盐腌的肉类。现泛指以畜禽肉为原料经腌制或未经腌制，切碎成丁或绞碎成颗粒或斩拌乳化成肉糜，加入其他配料均匀混合之后灌入肠衣内，经烘烤、烟熏、蒸煮、冷却或发酵等工序制成的肉制品。

现代灌肠类制品的生产和消费都有了很大发展，这主要是因为人们对方便食品和即食食品的需求增加，许多工厂的肠制品生产已实现了高度机械化和自动化，生产出具有良好组织状态，且持水性、风味、颜色、保存期均优的产品。

西式灌肠的口味特点是在辅料中使用了具有香辣味的肉豆蔻和胡椒，咸味用盐不用酱油，一部分品种还使用大蒜，产品具有明显的蒜味。西式灌肠的另一特点为肉馅大多由猪、牛肉混合制成。灌肠的原料既可以精选上等肉制成高档产品，也可以利用肉类加工过程中所生产的碎肉制成产品。

我国最早的灌肠品种是小红肠和大红肠，经过不断发展，我国已逐渐形成了一大批中味西作的灌肠新品种。

1. 灌肠类制品的种类

1）依据目前我国肠类制品生产工艺分类

（1）生鲜肠。这类肠由新鲜肉制成，未经煮熟和腌制。生鲜肠因含水分较多，组织柔软，又没有经过熟制工序，故保存期短，不超过 3d。生鲜肠食前需熟制，我国很少加工。这类产品包括鲜猪肉肠、意大利香肠、口利左香肠（加调料的西班牙猪肉香肠）、德国图林根香肠（图 7-1）等。

这类肠除以鲜肉为原料外,还混合其他食品原料。例如,猪头肉、猪内脏加土豆、淀粉、面包渣等制成的鲜香肠;猪肉、牛肉加鸡蛋、面粉制成的混合香肠;牛肉加面包渣或饼干面制成的香肠,在国内这种香肠很少。

(2)生熏肠。将用盐和硝酸盐腌制或未经腌制的原料肉切碎,加入调味料后灌入肠衣,经过烟熏而不熟制,保存期不超过 7d。食用前熟制。

(3)熟熏肠。原料与天然香辛料、调味料等的选用与生熏肠相同,搅拌充填入肠衣内后,再进行熟制、烟熏。此类肠占整个灌肠生产的大部分,我国灌肠生产一般采用这种方法。保存期一般为 7d,可直接食用。

(4)熟制肠。将腌制或不腌制的肉类绞碎或斩拌,加入调味料后,搅拌均匀灌入肠衣,熟制而成。有时稍微烟熏,一般无烟熏味。

(5)干制肠和半干制肠。原料需经过腌制,一般干制肠不经烟熏,半干制肠需要烟熏,这类肠也称发酵肠。干制肠大多采用鲜度高的牛肉、猪肉与少量的脂肪为原料,再添加适量的食盐和发色剂等制成。一般经过发酵、风干脱水的过程,并保持有一定的盐分。在加工过程中质量减少 25%~40%,因而可以长时间储藏,如意大利色拉米肠(图 7-2)、德式色拉米肠。干制肠需要很长的干燥时间,时间长短取决于灌肠的直径,一般为 21~90d。半干制肠加工过程与干制肠相似,但风干脱水过程中质量减少 3%~15%,其干硬度和湿度介于干制肠与一般香肠之间。这类产品经过发酵,产品的 pH 较低(4.7~5.3),从而使产品的保存性增强,并具有很强的风味。

图 7-1 德国图林根香肠

图 7-2 意大利色拉米肠

(6)肉粉肠。原料肉取自边角料,经腌制、绞碎成丁,加入大量的淀粉和水,充填入肠衣或猪膀胱中,煮熟、烟熏而成,如北京粉肠。

2)依据灌肠加工特性分类

由于灌肠类制品品种繁多,至今全世界还没有统一的分类方法,通常根据灌肠类制品的制作情况,有如下分类。

(1)碎肉程度:

① 绞肉型、粗切肉块型香肠。这种香肠有明显的肉块,给人以真实感。

② 乳化型香肠。这种香肠肉较细,充分发挥了肉的保水力、结合力,有效提高了出品率。

（2）煮熟与否：

① 未煮熟处理的香肠。这类香肠由于没有经过加热处理，保质期较短，对卫生要求非常严格，一般以冷冻状态出售。

② 煮熟处理的香肠。这类香肠经加热处理后，杀死了大部分致病微生物，延长了保质期，根据加热温度的不同又可分为：

a. 低温蒸煮香肠。蒸煮温度一般为 $72\sim78℃$，蒸煮时间一般为 4h；超过 80℃，对产品的营养成分破坏不大。但这种香肠在销售过程中不能中断冷藏链。

b. 高温加压加热香肠。这种香肠将肉馅装入密封存器（也可为不透气性肠衣等），在 120℃条件下加热 4min，由于杀灭了肉中的大部分微生物，因此可以在常温（25℃以下）条件下进行流通。

（3）烟熏与否：

① 未烟熏处理的香肠。此种香肠可用不透气性肠衣灌装密封，也可用透气性肠衣，肠衣选择范围较广。

② 烟熏处理的香肠。此种香肠经烟熏处理后，赋予产品特有的烟熏味，并杀灭表面微生物，使表面形成一定色泽，但一定要选择透气性良好的肠衣。

（4）腌制与否：

① 未腌制处理的香肠。这种香肠不要求有肉红色，只要求其切片呈灰白色，所以加工时不允许加入发色剂。由于不经腌制，这种香肠缺乏腌制肉的芳香味，且没有亚硝酸盐的抑菌作用，保质期较短。

② 腌制处理的香肠。这种香肠要求切面呈红色，具有腌制肉特有的芳香味，保质期相对较长。但若加入的亚硝酸盐过量，则可能对人体造成危害。

（5）发酵与否：

① 未发酵处理的香肠。这种香肠产品的 pH 较高，可通过其他方式延长产品保质期。

② 发酵处理的香肠。这种香肠通过微生物的发酵作用，降低产品的 pH，并产生特殊的发酵味，产品可在常温下流通。

灌肠类制品的种类繁多，我国各地生产的香肠品种有上百种。目前各国对香肠的分类没有统一的方法，在我国各地的肠类制品生产中，习惯上将用中国原有的加工方法生产的产品称为香肠或腊肠，将用国外传入的方法生产的产品称为灌肠。表 7-1 为中式香肠和西式灌肠之间的区别。

表 7-1　中式香肠和西式灌肠之间的区别

项目	中式香肠	西式灌肠
原料肉	以猪肉为主	除猪肉外，还可以用牛肉、马肉、兔肉等
原料肉处理	瘦肉、脂肪均切丁或瘦肉绞碎、脂肪切丁	瘦肉、脂肪均绞碎或瘦肉绞碎、脂肪切丁
辅料	加酱油、不加淀粉	加淀粉、不加酱油
加工方法	长时间晾挂、日晒、熏烤	烘烤、烟熏

2. 灌肠类制品的特点

1）中式香肠

广式腊肠是中式香肠的代表，其以猪肉为主要原料，经切丁，加入食盐、亚硝酸盐、白酒、酱油等辅料腌制后，充填入可食性肠衣，经过晾晒、风干或烘烤等工艺制成。食用前需进行熟制加工。中式香肠具有酒香、糖香和腊香，其风味有赖于成熟期间香肠中各种成分的降解、合成产物和特殊的调味料等。腊肠、枣肠、风干肠等是中式香肠的主要产品。

2）发酵香肠

色拉米香肠、熏煮香肠是发酵香肠类的典型代表，是以牛肉或猪、牛肉混合肉为主要原料，经绞碎或斩拌呈颗粒，加入食盐、亚硝酸盐等辅料腌制，以自然或人工接种发酵剂，充填入可食性肠衣内，再经过烟熏、干燥和长期发酵等工艺制成的一类生肠制品。发酵香肠具有发酵的风味，产品的 pH 为 4.8～5.5，质地紧密，切片性好，弹性适宜，保质期长，深受欧美消费者的喜爱。

3）乳化肠类

乳化肠类是以畜禽肉为主要原料，经切碎、腌制等工艺加工，加入动植物蛋白质等乳化剂，以及亚硝酸盐等辅料，充填入各种肠衣中，经过蒸煮和烟熏等工艺制成的一类熟肠制品。乳化肠类的特点是弹性强、切片性好、质地细致，如哈尔滨红肠、法兰克福香肠等。

4）肉类粉肠

肉类粉肠是以淀粉和肉为主要原料，添加其他辅料，充填入天然肠衣中，经蒸煮和烟熏等工序制成的一类熟肠制品。其特点是不为乳化目的而添加非动物性蛋白乳化剂，干淀粉的添加量一般大于肉重的 10%。

3. 灌肠类制品常用的原辅材料

1）原料肉

各种不同的原料肉都可用于生产不同类的香肠，原料肉的选择与肠类制品的质量有密切的关系。不同的原料肉中各种营养素成分含量不同，且颜色深浅、结缔组织含量及所具有的持水性、黏着性也不同。加工灌肠类制品所用的原料肉应是来自健康牲畜、经兽医检验合格的鲜肉。

（1）原料肉的黏合性影响肉制品的品质。肉的黏合性是指肉所具有的乳化脂肪的能力，也指其具有的使瘦肉粒子黏合在一起的能力。原料肉按其黏合能力可分为以下 3 种。

① 高黏合性：牛肉骨骼肌（牛小腿肉、去骨牛肩肉）。

② 中等黏合性：头肉、颊肉、猪瘦肉。

③ 低黏合性：含脂肪多的肉、非骨骼肌肉、一般的猪肉边角料、舌肉边角料、牛胸肉、横膈膜肌等。

（2）原料肉的 pH 影响肉制品的质量。

pH 是衡量肉制品质量的重要标准，对肉制品的颜色、嫩度、风味、保水性、货架期都有一定的影响。不同种类的香肠的生产对原料肉的 pH 要求不同。

① 适合制作法兰克福香肠：pH 为 5.4～6.2。

② 适合制作快速成熟的干香肠：pH 为 4.8～5.2。

③ 适合制作正常速度成熟的干香肠：pH 为 5.0～5.3。

④ 适合制作缓慢成熟的干香肠：pH 为 5.4～6.3。

⑤ 适合制作发酵过度的干香肠：pH＜4.7。

（3）原料肉的种类和胴体部位影响肉制品的质量。动物不同部位的肉均可以用于生产各种类型的香肠，因而其制品具有各自的特点。在灌肠类制品中加入一定比例的牛肉，既可以提高制品的营养价值，提高肉馅的黏合性和保水性，又可以使馅的颜色美观，增加弹性。而牛肉则只使用瘦肉，不使用脂肪，香肠中使用的肥膘，使肉馅红白分明，增进口味。而牛脂肪熔点高，不易熔化，加入肉馅中会使香肠质地硬，难于咀嚼，这种情况在香肠制品冷食时最明显。因此，以选用瘦牛肉或中等肥膘的牛肉为宜，最好选用肩胛骨、颈部和大腿部的肉。根据具体情况，猪、牛肉的品种和等级的选择，以成熟的新鲜猪、牛肉为好，若无鲜肉则冻肉也可使用。

2）其他添加成分

在灌肠类制品的生产中，除原料肉外添加非肉成分的目的是改善制品的风味、延长储存期、提高切片性等。下面仅介绍常用的添加剂成分。

（1）食盐。食盐具有防腐、提高风味和提高制品黏合性的作用。在灌肠类制品的生产中，食盐的防腐作用已不占主要地位，大部分灌肠类制品的盐水浓度为 2%～4%。

（2）水。水分在灌肠类制品生产中的添加方式往往是在斩拌或绞碎过程中加入碎冰或冰水，其目的除防止肉馅温度上升外，更重要的是使产品多汁并促进盐溶性蛋白质溶解，增强黏合性。另外，加水便于灌装，熏烤后灌肠有一种皱缩的外观。

（3）大豆分离蛋白。将大豆蛋白添加到灌肠类制品中，既可改善制品的营养结构，又能大幅度降低成本。

3）肠衣

肠衣是灌制肠类的包装材料，将处理好的肉馅灌装于肠衣中可制作出各式各样的灌肠类制品。肠衣可以保护内容物不受污染，减少或控制水分的蒸发而保障制品的特有风味，通过与肉馅的共同膨胀与收缩，使产品具有一定的坚实性和弹性等。要根据产品的品质、规格选择合适的肠衣，就要了解和掌握各种肠衣的性能用途、适用范围、保存条件等，以制作出更理想的产品。

肠衣是灌肠制品的特殊包装物，是灌肠类制品中和肉馅直接接触的一次性包装材料。每一种肠衣都有它特有的性能。在选用时，根据产品的要求，必须考虑它的可食性、安全性、透过性、收缩性、黏着性、密封性、开口性、耐老化性、耐油性、耐水性、耐热性和耐寒性等必要的性能和一定的强度。

肠衣主要分为两大类，即天然肠衣和人造肠衣。

（1）天然肠衣。天然肠衣也称动物肠衣，由牲畜的消化器官或泌尿系统的脏器除去黏膜后腌制而成。常用的天然肠衣有牛的大肠、小肠、盲肠、膀胱和食管，猪的大肠、小肠、膀胱，羊的小肠、盲肠、膀胱。天然肠衣具有良好的韧性和坚实度，能够承受加工过程中热处理的压力，并有与内容物同样收缩和膨胀的性能，具有透过水汽和烟熏的能力，而且食用安全，但其缺点是直径不一，薄厚不均，多呈弯曲状，且储藏期较短。另外，由于加工关系，天然肠衣常有某些缺陷，如猪肠衣经盐蚀会部分失去韧性等。

肠衣一般按肠直径来划分，常见的肠衣分路标准如表 7-2 所示。

表 7-2　常见的肠衣分路标准 　　　　　　　单位：mm

品种	一路	二路	三路	四路	五路	六路	七路	八路
猪小肠	24～26	26～28	28～30	30～32	32～34	34～36	36～38	38 以上
猪大肠	60 以上	50～60	45～50	—	—	—	—	—
羊小肠	22 以上	20～22	18～20	16～18	14～16	12～14		
牛小肠	45 以上	40～45	35～40	30～35	—	—		
牛大肠	55 以上	45～55	35～45	30～35				
猪膀胱	350 以上	300～350	250～300	200～250	150～200			

部分肠衣的特点及其主要产品如表 7-3 所示。

表 7-3　部分肠衣的特点及其主要产品

肠衣种类	肠衣特点	主要产品
猪肠衣	透明度好，外观、弹性好，透气性好，烟熏味易渗透	大蒜肠、茶肠、粉肠
羊肠衣	表面光滑、肠衣薄、无异味、可直接食用、口感好	广式腊肠、脆皮肠、维也纳香肠、法兰克福香肠
牛肠衣	强度好，耐水煮、火烤、烟熏，冷却后会出现均匀的花纹	俄罗斯香肠、玫瑰肠、犹太肠
猪膀胱	强度好，耐水煮，弹性、透气性好，烟熏味易渗透	松仁小肚、肉肚、香肚

肠衣是刮去黏膜、浆膜和肌肉等油脂杂物以后的半透明坚韧薄膜。因加工方法不同，天然肠衣分干制和盐渍两种：干制肠衣用温水浸泡变软后方可使用；盐渍肠衣则需在清水中反复漂洗，除去黏着在肠衣上的盐分和污物。一些加工肉制品有着独特的或特有的形状，是因为它们使用的是天然肠衣（表 7-4）。

表 7-4　香肠种类和天然肠衣

香肠种类	天然肠衣
小波洛尼亚香肠	牛小肠
色拉米香肠	牛大肠
大波洛尼亚香肠	牛盲肠
牛肉色拉米香肠	牛膀胱

续表

香肠种类	天然肠衣
烟熏猪肉香肠	猪小肠
猪干肠	猪盲肠
猪头肉干酪香肠	猪胃
意大利猪肉香肠	猪盲肠
碎猪肉午餐肉	猪膀胱

干制肠衣在使用前必须放在干燥且通风的场所，注意防潮和虫蛀，温度最好保存在20℃以下，相对湿度为50%～60%；盐渍肠衣应注意卫生通风、低温储存，温度为0～10℃，相对湿度为85%～90%，并在适当时间变更存放形式，以利于盐卤浸润均匀，一般使用木桶、缸等保存。

（2）人造肠衣。人造肠衣可实现生产规格化，易于充填，加工使用方便。这对熏煮加工成型、保持风味、延长成品保存、减少蒸发干耗等具有明显的优势。目前，国外使用动物肠衣的比例逐渐减小，如美国灌肠所用的肠衣中，动物肠衣只占55%。人造肠衣是用人工的方法以动物皮、塑料、纤维、纸或铝箔等为材料加工成的片状或筒状的薄膜。其特点是规模化、标注化、易于灌装充填，适于工业化生产，花色品种多。人造肠衣包括以下几种。

① 纤维素肠衣（图 7-3）。纤维素肠衣用天然纤维如棉绒、木屑、亚麻和其他植物纤维制成。此肠衣的特点是具有很好的韧性和透气性，但不可食用，不能随肉馅收缩。纤维素肠衣在快速热处理时很稳定，在湿润情况下也能进行熏烤。

② 胶原肠衣（图 7-4）。胶原肠衣是用家畜的皮、腱等为原料制成的。此肠衣可食用，但是直径较粗的肠衣比较厚，不宜食用。胶原肠衣不同于纤维素肠衣，在热加工时要注意加热温度，否则胶原会变软。

图 7-3　纤维素肠衣

图 7-4　胶原肠衣

③ 塑料肠衣（图 7-5）。塑料肠衣通常用作外包装材料，目的是保证产品的质量，阻隔外部环境给产品带来的影响。塑料肠衣具有阻隔空气和水透过的性质及较强的耐冲击性。这类肠衣品种规格较多，可以印刷，使用方便，光洁美观，适合于蒸煮类产品。此类肠衣不能食用。

④ 玻璃纸肠衣（图 7-6）。玻璃纸肠衣是一种纤维素薄膜，纸质柔软而有伸缩性。由于玻璃纸肠衣的纤维素微晶体呈纵向平行排列，故其纵向强度大、横向强度小，使用不当易破裂。实践证明，使用玻璃纸肠衣的成本比天然肠衣要低，而且在生产过程中，只要操作得当，几乎不出现破裂现象。

图 7-5　塑料肠衣

图 7-6　玻璃纸肠衣

4. 灌肠类制品的加工要点

1）选料

供灌肠类制品用的原料肉，应是来自健康牲畜、经兽医检验合格的，质量良好、新鲜的肉。凡热鲜肉、冷却肉或解冻肉都可用来生产。

猪肉用瘦肉作肉糜、肉块或肉丁，而肥膘则切成肥膘丁或肥膘颗粒，按照不同配方标准加入瘦肉中，组成肉馅。而牛肉则使用瘦肉，不用脂肪。因此，将灌肠类制品中加入一定数量的牛肉，可以提高肉馅的黏着力和保水性，使肉馅色泽美观，增加弹性。某些灌肠类制品还应用各种屠宰产品，如肉屑、肉头、食道、肝、脑、舌、心和胃等。

2）腌制

一般认为，在原料中加入食盐和硝酸钠，基本能适合人们的口味，并且具有一定的保水性和储藏性。

将细切后的小块瘦肉和脂肪块或膘丁摊在案板上，撒上食盐用手搅拌均匀。然后装入高边的不锈钢盘或无毒、无色的食用塑料盘内，送入 0℃左右的冷库内进行干腌。腌制时间一般为 2～3d。

3）绞肉

绞肉指用绞肉机将肉或脂肪切碎。绞肉时要根据产品要求选用不同孔径的孔板，一般肉糜型产品选用 3～5cm 的孔板，而肉丁产品选用 8～10cm 的孔板。由于牛肉、猪肉、羊肉及猪脂肪的嫩度不同，因此在绞肉时，要将肉分类绞碎，而不能将多种肉混合同时绞切。在绞脂肪时应注意脂肪投入量不能太大，否则会使绞肉机旋转困难，造成脂肪熔化变成油脂，从而导致出油现象。

在进行绞肉操作之前，应检查金属筛板和刀刃部是否吻合。检查结束后，要清洗绞肉机。在用绞肉机绞肉时肉温应不高于 10℃。通过绞肉工序，原料肉被绞成细肉馅。

绞肉机的
使用

4）斩拌

将绞碎的原料肉置于斩拌机的料盘内，剁至糊浆状称为斩拌。绞碎的原料肉通过斩拌机进行斩拌，目的是使肉馅均匀混合或提高肉的黏着性，提高肉馅的保水性和出品率，减少油腻感，提高嫩度；改善肉的结构状况，使瘦肉和肥肉充分拌匀，结合得更牢固；提高制品的弹性，烘烤时不易"起油"。

（1）准备。在斩拌操作之前，要对斩拌机刀具进行检查，若刀具出现磨损，则要进行必要的研磨，若每天使用斩拌机，至少要 10 天磨一次刀。

（2）投料。斩拌物料的投入量一般占料盘容积的 1/2～3/5。

（3）斩拌顺序。首先将瘦肉放入斩拌机中，注意肉不要集中于一处，宜全面铺开。然后起动斩拌机低速斩拌约 0.5min，加入 1/3～1/2 的水或冰屑（一般为每 50kg 原料加水 1.5～2kg，夏季用冰屑水），再加入盐、磷酸盐、亚硝酸盐、抗坏血酸等辅料，高速斩拌 1～1.5min，将瘦肉斩成肉糜再低速斩拌，加入天然香辛料、剩下的水或冰屑、大豆蛋白、脂肪，低速斩拌 0.5min 后高速斩拌 1.5～2min，再低速斩拌，加入淀粉，混合均匀后即可出料。斩拌总时间为 3～5min。

（4）温度。在斩拌过程中，刀的高速运转使肉温升高 3～5℃，温度过高会使肉质发生变化，产生令人不愉快的气味，并使脂肪部分熔化而易于出油。因此，斩拌时要随时测量肉温，肉馅温度不宜超过 10℃。

（5）出料、清洗。待全部肉馅放出后，将盖打开，清除盖内侧和刀刃上附着的肉馅，用清洗液、温水冲洗干净，然后用干布将机器擦干，必要时再涂一层食用油。

5）搅拌

搅拌的目的是使原料和辅料充分结合，使斩拌后的肉馅继续通过机械搅动达到最佳的乳化效果。操作前要认真清洗搅拌机叶片和搅拌槽。搅拌操作程序是先投入瘦肉，接着添加调味料和天然香辛料。添加时，要撒到叶片的中央部位，靠叶片从内侧向外侧的旋转作用，使其在肉中分布均匀。投料的顺序为瘦肉→少量水、食盐、磷酸盐、亚硝酸盐等辅料→天然香辛料→脂肪→水或冰屑→淀粉。一般搅拌 5～10min，搅拌结束时肉馅温度最好不超过 10℃（以 7℃为最佳）。

6）充填

充填主要是将制好的肉馅装入肠衣或容器内，成为定型的肠类制品。这项工作包括肠衣选择、肠类制品机械的操作、结扎穿竿等。充填的好坏对灌制品的质量影响很大，应尽量充填均匀饱满、没有气泡，若有气泡则应用针刺放气。

（1）不同肠衣的充填：

① 天然肠衣的充填。将肠衣用清水反复漂洗几次，去掉异物、异味，并将内壁也清洗一遍，然后将一端放入容器的上边缘，另一端套在充填嘴上。具体操作如下：先将充填嘴打开放气，待出来馅料后，将肠衣套上，末端扎好，即可以开始灌肠。充填时，在出馅处用手握住肠衣，并将肉馅均匀饱满地充填到肠衣中。充填操作时注意：肉馅装入灌筒要紧，手握肠衣要轻松，捆绑灌制品要结紧结牢。

② 塑料肠衣的充填。这类肠衣规格一致，充填时先扎好一端，再将肠衣套在充填嘴上，手握肠衣要紧一些，使充填均匀、饱满，不要有气泡。

③ 自动扭结充填。即采用带自动扭结装置可定量灌装的充填机充填。所用肠衣为天然肠衣、胶原肠衣、纤维素肠衣等。操作时将肠衣套在充填嘴上，开机后即可自动充填，并自动扭结。

（2）充填技术：

① 装筒。肉馅装入灌筒时必须装得紧实无空隙，其方法是用双手将肉馅捧成一团高高举起，对准灌筒口用力掷进去。如此反复，装满为止，再在上面用手按实，盖上盖子。

② 套肠衣。将浸泡后的肠衣套在钢制的小管口上。肠衣套好后，用左手在灌筒口上握住肠衣，必须松紧适度。如果握得过松，则烘烤后肉馅下垂，上部发空；如果握得过紧，则肉馅灌入太实，会使肠衣破裂，或者煮制时爆破。所以，操作时必须手眼并用，随时注意肠衣内肉馅的松紧情况。

③ 充填、打结。套好肠衣后，摇动灌筒或开放阀门，肉馅就灌入肠衣内。灌满肉馅后的制品，须用棉绳在肠衣的一端结紧结牢，以便于悬挂。捆绑方法根据灌制品的品种确定。捆绑要结紧结牢，不使松散。

7）结扎

结扎是把两端捆扎，不让肉馅从肠衣中漏出来的工序，可起到隔断空气和肉接触的作用。另外，还有使灌制品成型的作用。结扎时要注意扎紧捆实，不松散。但也要考虑到烟熏、蒸煮时肉会发生膨胀，因此在结扎时应留有肠衣的余量，特别是肉糜类灌制品。

灌制品品种多，长短不一，粗细各异，形状不同，有长形、方形、环形，有单根、长串，因此结扎的方法也不同，主要有以下几种。

（1）打卡结扎。预先调整好打卡机，放上选择好的铝卡，用手将已充填好馅料的肠本握住，将扎口处整理好，用打卡机打上铝卡。这种结扎适用于孔径为5～10cm的灌制品和西式火腿类制品。

（2）线绳结扎。即以线绳扎住两端，该法适用于口径为5～12cm的单根肠衣。将肠衣一端用线绳扎好，灌入馅料后，结扎另一头，打一个结，并留出一挂口。圆火腿、蒜肠等制品多用此法结扎。

（3）肠衣结扎。此方法适用于环形结扎。具体操作如下：灌入肠馅后，把两头并在一起，手挽住系扣，呈环形。系扣时注意在端接处留少许空隙，防止烤、煮、熏时因肠馅膨胀而胀裂。

（4）掐节结扎。此方法适用于肠衣长且需连续操作的灌制品。具体操作如下：先将肠衣整个套在灌筒口上，末端扎口，灌肠馅充填满整个肠衣后，再按要求的长度掐节绕扭，长度尽量一致，至末端系扣扎好。此法多用于维也纳肠、粉肠等灌制品。

（5）膀胱结扎。小肚灌馅时握肚皮的手松紧要适度，一般肚皮不易灌得太满，要留一定空隙，以便封口。封口是小肚煮制前的最后定型。要用针线绳封口，每个膀胱一般缝4针。小肚定型后，把小肚放在操作台上，轻轻地用手揉一揉，放出肚内空气，并检查是否漏馅，然后煮制。

8）烘烤

烘烤的作用是使肉馅的水分再蒸发掉一部分，保证最终成品具有一定的含水量，使肠衣干燥、缩水，紧贴肉馅，并和肉馅黏合在一起，增加牢度，防止或减少蒸煮时肠衣的破裂。另外，烘干的肠衣容易着色，且色调均匀。

（1）烘烤温度。烘烤温度为65～70℃，在烘烤过程中要求按照灌肠类制品品种的直径、淀粉含量和产品要求等情况确定烘烤温度和时间。可参考表7-5进行选择。

表7-5　灌肠类制品烘烤温度和时间

灌肠类制品口径	所需时间/min	烘烤间温度/℃	灌制品中心温度/℃
细灌制品	20～25	50～60	
中粗灌制品	40～50	70～85	43±2
粗灌制品	60～90	70～85	

产品应在烘烤间上部烘烤，如果采用明火，产品应距离明火1m以上，否则会烧焦产品或漏油过多。目前采用的烘烤方法有木材明火、煤气、蒸汽、远红外线等。

（2）烘烤成熟的标志。肠衣表面干燥、光滑，变为粉红色，手摸无黏湿感觉；肠衣呈半透明状，且紧紧包裹肉馅，肉馅的红润色泽显露出来；肠衣表面特别是靠火焰近的一端不出现走油现象，则表明烘烤成熟。若有油流出，表明火力过旺、时间过长或烘烤过度。

9）煮制

煮制灌肠类制品一般用方锅，锅内铺设蒸汽管，锅的大小根据产量而定。煮制时先在锅内加水至锅容量的80%左右，随即加热至90～95℃。如果放入红曲，加以拌和后关闭气阀，保持水温80℃左右，将肠制品一杆一杆地放入锅内，排列整齐。煮制的时间因品种而异。如果是小红肠，一般需10～20min。其中心温度为72℃时，证明已煮熟。熟后的肠制品出锅后，用自来水喷淋制品表面，使其表面清洁，待其冷却后再烟熏。

10）熏制

熏制主要是赋予肠类制品以熏烟的特殊风味，增强制品的色泽，并通过脱水作用和熏烟成分的杀菌作用增强制品的储藏性。

传统的烟熏方法是燃烧木头或锯木屑，烟熏时间依产品规格和质量要求而定。目前许多国家采用烟熏液处理来代替烟熏工艺。

5. 灌肠类制品加工常见问题及其质量控制

在灌肠类制品生产中要注意常见的质量问题，并且要学会控制质量的方法。常见质量问题有以下几点。

1）外形方面的问题

（1）肠体破裂：

①肠衣质量问题。如果肠衣本身有不同程度的腐败变质，肠壁就会薄厚不均、

弛、脆弱、抗破坏力差。盐渍肠衣收缩力差，失去弹性，肉馅充填过紧，以及煮制烘烤时温度掌握不当都会引起肠衣破裂。

② 肉馅问题。水分较高时，迅速加热，肉馅膨胀而使肠衣胀破。

③ 工艺问题。一是肠体粗细不均，蒸煮时粗肠易裂；二是烘烤时火力太大，温度过高，就会听到肠衣破裂的声音；三是烘烤时间太短，没有烘到一定程度，肠衣蛋白质没有完全凝固即开始煮制；四是蒸煮时蒸汽过足，局部温度过高，造成肠裂；五是翻肠时不小心，导致外力破裂。

（2）外表硬皮：烟熏火力大，温度高，或者肠体下距热源太近，严重时起硬壳，造成肠馅分离，撕掉起壳的肠衣以后可见肉馅已被烤成黄色。

（3）发色不均、无光泽：

① 烟熏时温度不够，或者烟熏质量较差，以及熏好后又吸潮的灌肠都会使肠衣光泽变差。

② 用不新鲜的肉馅灌制的灌肠，肠衣色泽不鲜艳。

③ 如果烟熏时所用木材含水分多或使用软木，常使肠衣发黑。

（4）颜色深浅不一：

① 烟熏温度高，颜色淡；烟熏温度低，颜色深。

② 肠衣外表干燥时，色泽较淡；肠衣外表潮湿时，烟气成分溶于水中，色泽会加深。

③ 如果烟熏时肠身搭在一起，则粘连处色淡。

（5）肠身松软无弹性：

① 没煮熟。这种肠不但肠身松软无弹性，而且在气温升高时会产酸、产气、发胀，不能食用。

② 肌肉中蛋白质凝聚不好。一是当腌制不透时，蛋白质的肌球蛋白没有全部从凝胶状态转化为黏着力强的溶胶状态，影响了蛋白质的吸水力；二是当机械斩拌不充分时，肌球蛋白释放不完全；三是当盐腌或操作过程中温度较高时，蛋白质变性，破坏了蛋白质的胶体状态。

（6）外表无褶皱：肠衣外表的褶皱是由于熏制时肠馅水分减小、肠衣干缩而产生的。褶皱的生产与灌肠本身质量及烟熏工艺有关。

① 肠身松软无弹性的肠，到成品时，外观一般褶皱不好。

② 肠直径较粗，肠馅水分较大，也会影响褶皱的产生。

③ 木材潮湿，烟气中湿度过大，温度升不高，或者烟熏程度不够，都会导致熏烤后没有褶皱。

2）切面方面的问题

（1）色泽发黄：

① 切面色泽发黄，要看是刚切开就黄，还是逐渐变黄的。如果是刚切开时切面呈均匀的蔷薇红，而暴露空气中后，逐渐变黄，则属于正常现象。这种缓慢的褪色是由于

粉红色的亚硝基肌红蛋白在可见光线及氧的作用下，逐渐氧化成高铁血色原，而使切面褪色发黄。而切开后虽有红色，但淡而不均，很容易发生褪色。这一般是亚硝酸盐用量不足造成的。

② 用了发色剂，但肉馅根本没有变色。一是原料不够新鲜，脂肪已氧化酸败，则会产生过氧化物，呈色效果不好；二是肉馅的 pH 过高，则亚硝酸钠就不能分解产生 NO，也就不会产生红色的亚硝基肌红蛋白。

（2）气孔多：切面气孔周围都发黄发灰，这是由于空气中混进了氧气。因此最好用真空灌肠机，肉馅要以整团形式放入储馅筒。装馅应该紧实，否则经悬挂、烘烤等过程后，肉馅下沉，造成上部发空。

（3）切面不坚实，不湿润：

① 加水不足，制品少汁和质粗，绞肉机的刀面装得过紧、过松，以及刀刃不锋利等引起机械发热而使绞肉受热，都会影响切面品质。

② 脂肪绞得过碎，热处理时易于熔化，也影响切面。

哈尔滨红肠的加工

哈尔滨红肠的加工

一、要点

（1）准确选择配方、判断原料肉部位和辅料种类。
（2）掌握哈尔滨红肠的加工工艺、质量控制方法。
（3）学会使用、护养绞肉机、斩拌机、搅拌机、灌肠机、蒸煮设备、烟熏炉等。

二、相关用品

工具：刀具、案板、不锈钢容器等。
设备：绞肉机、斩拌机、搅拌机、灌肠机、蒸煮设备、烟熏炉等。

三、材料与配方

猪肌肉 25kg、牛肌肉 12.5kg、猪肥膘 11.3kg、干淀粉 1.9kg、猪肉精粉 50g、精盐 1.8～2.6kg、味精 330g、胡椒粉 45g、大蒜 450g、亚硝酸钠 5g、红曲红（色价 7）50g、大豆蛋白 180g。

四、工艺流程

原料的整理和切割→低温腌制→绞肉和斩拌→拌馅→灌制→烘烤→煮制→熏制→成品。

五、操作要点及质量控制

1. 原料的整理和切割

将新鲜的猪、牛肉剔骨、去皮，修去粗大的结缔组织、淋巴、瘢痕、淤血等，尤其牛肉须去掉脂肪，然后顺着肌肉纤维切成 0.5kg 左右的肉块。

2. 低温腌制

将整理好的肌肉块加入相当于肉重 3.5%～4%的食盐和 0.01%的亚硝酸盐，搅拌均匀后装入容器内，在室温 10℃左右下腌制 3d，待肉的切面约有 80%的面积变成鲜红的色泽，且有坚实弹力的感觉时，即为腌制完毕。肥膘肉以同样方式腌制 3～5d，待脂肪有坚实感，不绵软，色泽均匀一致，即为腌制完毕。

3. 绞肉和斩拌

将腌制完的肉和肥膘冷却到 3～5℃后，分别送入绞肉机中绞碎，再将绞好的肉馅放入斩拌机中进一步剁碎，同时添加相当于肉重 30%～40%的水。

4. 拌馅

将斩拌好的肉馅放入搅拌机，同时加入以 25%～30%的水调成的淀粉糊，搅拌均匀后再加入肥肉丁和其他各种配料。拌馅时应以搅拌的肉馅弹力好、持水性强、没有乳状分离为准，一般用时为 10～20min，温度以不超过 10℃为宜。

5. 灌制

灌制过程包括灌馅、捆扎和吊挂，在装馅之前需对肠衣进行检查，并用清水浸泡。灌馅是在灌肠机上进行的，灌好的肠体用纱绳捆扎起来，每 15cm 左右为一节，并应留有 15%的收缩率，灌好的肠体要用针刺放气，放气后挂在架子上，以便烘烤。

6. 烘烤

烘烤时，肠体距火焰应保持 60cm 以上，并间隔 5～10min 将炉内红肠上下翻动一次，以免烘烤不均。烤炉温度通常保持在 65℃左右，烘烤时间为 1h 左右，待肠衣表面干燥光滑、无流油现象、肠衣呈半透明状、肉馅色泽红润时，即可出炉。

7. 煮制

将清水升温至 90～95℃，放入红肠，保持水温在 80～90℃，待红肠中心温度达 75℃以上时，用手捏肠体感到硬挺，有弹性即为煮熟，出锅。

8. 熏制

熏制是在烟熏炉内进行的，熏制时宜先用木柴热底，再在上面覆盖一层锯末，木材与锯末之比为1：2。将煮过的灌肠送入后，点燃木料，使其缓慢燃烧发烟，切不能用明火烘烤。熏烟室的温度通常在35～45℃，时间为5～7h，待肠体表面光滑而透出内部肉馅色，并且有类似红枣褶皱时将其移出烟熏室，自然冷却，即成品。

六、质量控制

成品呈枣红色，熏烟均匀，无斑点和条状黑斑，肠衣干燥，呈半弯曲形状，表面微有褶皱，无裂纹，不流油，坚韧而有弹力，无气泡，肠体切面呈粉红色，脂肪块呈乳白色，味香而鲜美。

七、计算出品率

肉制品出品率指单位质量的动物性原料（如禽、畜的肉、皮等，不包括淀粉、蛋白粉、天然香辛料、冰水等辅料）制成的最终成品的质量与原料比值。如果用100kg的肉做出的最终产品的质量是200kg，那么出品率就是200%。

八、完成生产记录单

根据所学知识加工哈尔滨红肠，完成生产记录单（表7-6）。

表7-6 哈尔滨红肠的生产记录单

任务	生产记录			备注
生产方案的制订	原配方： 修改后配方：			
材料选择与处理	材料名称	质量	处理方法	
	所需设备及使用方法：			

续表

任务	生产记录	备注
绞肉	所需设备及使用方法： 绞肉温度：	
斩拌	所需设备及使用方法： 斩拌投料顺序： 斩拌温度： 斩拌时间：	
灌制	所需设备及使用方法： 产品长度： 产品质量： 产品直径： 结扎方法：	
煮制	所需设备及使用方法： 煮制温度： 煮制时间：	
烟熏	所需设备及使用方法： 烟熏材料： 烟熏温度： 烟熏时间：	
成品检验	感官指标检验及结果： 微生物指标检验及结果：	
产品展示、自评及交流	产品照片： 产品评价： 产品改进措施： 产品出品率： 成本核算：	

课后习题

一、填空题

1．西式灌肠的一般工艺流程：原料肉的选择和初加工→腌制→绞碎→_____→_____→烘烤→熟制→烟熏冷却。

2．人造肠衣种类有_____、_____、_____、_____4种。

3．天然肠衣主要由牲畜的_____或泌尿系统的脏器除去黏膜后腌制而成。

4．绞肉机的主要结构包括_____、_____、_____、电机、挡板。

5．成品肠体破裂主要由_____、_____和工艺问题决定。

6．原料肉按其黏合能力可以分为_____、_____和低黏合性肉。

7．天然肠衣按加工方法不同分为_____和_____两种。

8．斩拌物料的投入量一般占料盘的_____为宜。

9．搅拌的目的是使原料和辅料充分结合，使斩拌后的肉馅继续通过机械搅动达到最佳的_____效果。

10．斩拌机可以分为_____和非真空斩拌机两大类。

二、单项选择题

1．斩拌时肉吸水膨润，形成富有弹性的肉糜，因此斩拌时需加冰水，加入量为原料肉的（　　）。

A．30%～40%　　　B．20%～30%　　　C．50%～60%　　　D．60%～70%

2．斩拌温度最高不宜超过（　　）。

A．10℃　　　B．20℃　　　C．50℃　　　D．60℃

三、多项选择题

1．在肉制品加工中，斩拌的目的是（　　）。

A．使肌肉纤维蛋白形成凝胶和溶胶状态

B．提高肉馅的黏度和弹性

C．提高肉馅的含水量

D．改善肉馅的色泽

2．水是肉中含量最多的成分，其在肉中存在的方式有（　　）。

A．自由水　　　B．结合水　　　C．不易流动的水　　　D．肉汤

3．香肠切面质量问题体现在（　　）方面。

A．色泽发黄　　　B．气孔多　　　C．切面不坚实　　　D．切面不湿润

四、判断题

1．斩拌时肉吸水膨润，形成富有弹性的肉糜，因此斩拌时需加冰水，加入量为原料肉的30%～40%。　　　　（　　）

2．斩拌温度最高不宜超过10℃。　　　　（　　）

3．灌肠制品是以畜禽肉为原料，经腌制或不腌制、斩拌或绞碎而使肉成为块状、丁状或肉糜状态，再配上其他辅料，经搅拌或滚揉后而灌入天然肠衣或人造肠衣内，经烘烤、熟制和熏烟等工艺而制成的肉制品。　　　　（　　）

4．灌肠时使用的天然肠衣多选用猪小肠，壁厚 60mm。　　　　　　（　　　）

5．哈尔滨红肠加工的原料肉多选用猪的前槽肉和后鞧肉。　　　　　（　　　）

6．哈尔滨红肠成品的感官要求呈枣红色，表面微有褶皱、无斑点。　（　　　）

7．哈尔滨红肠成品含水量要求≤65%。　　　　　　　　　　　　　（　　　）

8．哈尔滨红肠烟熏时要求烟熏室温度 85℃，烟熏时间 4h。　　　　（　　　）

9．肉的 pH 是影响肉制品质量的因素之一。　　　　　　　　　　　（　　　）

10．哈尔滨红肠常采用打卡结扎的方法成型。　　　　　　　　　　（　　　）

五、简答题

1．什么原因造成烟熏香肠外表硬皮？

2．在肠类制品生产中常出现哪些质量问题？

3．哈尔滨红肠的加工对原料肉有何要求？

4．斩拌时应按什么顺序添加物料？

5．简述肉制品加工过程中煮制的目的。

六、论述题

熟熏肠在烘烤、煮制和熏制过程中，有时会发生爆裂而造成次品，产生爆裂的原因主要有哪些？

参考答案

项目八 西式火腿的生产技术

情境
导入

火腿有中式与西式之分。中式火腿是用整条带皮猪腿为原料，经腌制、水洗、干燥和长时间发酵制成的肉制品，如金华火腿、如皋火腿、宣威火腿等。西式火腿在生产工艺和产品风味上与传统中式火腿有很大不同。现在，某企业想推出一种西式火腿的新产品，请你为这个企业进行一下生产方案的设计。

任务 盐水火腿的加工

任务
要求

◎ 具体任务

根据教师提供的学习资料和网络教学资源，小组同学自学西式火腿生产的理论知识，以盐水火腿生产为例，在教师的指导下完成学习汇报 PPT。制订生产计划并形成生产方案，按照肉制品生产企业的操作规范，完成盐水火腿的加工。

◎ 任务准备

各组学生分别完成如下准备工作：

（1）根据教师提供的资料和网络教学资源，通过自学方式掌握西式火腿生产的基础知识。

（2）根据学习资料拟定汇报提纲。

（3）根据教师和同学的建议修改汇报提纲，制作汇报 PPT。

（4）按照汇报提纲进行学习汇报。

（5）根据西式火腿生产的基础知识，制订盐水火腿的加工方案。

（6）根据教师和同学的建议修改盐水火腿的加工方案。

（7）按照制订的盐水火腿的加工方案独立完成任务、填写生产记录单。

◎ 任务目标

（1）能够制订盐水火腿的生产方案。

（2）能够正确选择盐水火腿生产的原辅材料。

（3）能配制生产所需的盐水。

（4）会使用盐水注射机。

（5）会使用滚揉机。

（6）会使用压模机。

（7）能够正确填写生产记录单。

火腿起源于欧洲，在北美、日本及其他西方国家广为流行，后来才传入中国。这种火腿与我国传统火腿的形状、加工工艺、风味有很大不同，习惯上称其为西式火腿。我国自 20 世纪 80 年代中期引进国外先进设备及加工技术以来，不断优化生产工艺，调整配方，使之更适合我国居民的口味。

一、西式火腿的定义与分类

1. 定义

西式火腿类产品是以家畜、禽肉为原料，经剔骨、选料、精选、切块、盐水注射腌制后，加入辅料，再经滚揉、充填、蒸煮、烟熏（或不烟熏）、冷却等工艺，采用低温杀菌、低温储运的盐水火腿。

2. 分类

西式火腿一般由猪肉加工而成。但在加工过程中，因为选择的原料肉不同，处理、腌制及成品的包装形式也不同，因此，西式火腿的种类很多。

（1）按肉的粗细分，有整块肉、整只腿制成的里脊火腿、熏腿、去骨火腿等高档产品，也有用小块肉制成的低档挤压火腿，还有用大块肉制成的盐水火腿、熏圆腿等。

（2）按原料选择分，绝大多数为猪肉火腿，但也有鸡肉火腿、鱼肉火腿、牛肉火腿、马肉火腿等。

（3）按形状分，有方腿、圆腿、肉糜火腿、卷火腿等。

（4）按原料肉的部位不同分，有带骨火腿、去骨火腿、通脊火腿、肩肉火腿、腹肉火腿、碎肉火腿、成型火腿、组合火腿，以及目前在我国市场上畅销的可在低温下保藏的肉糜火腿肠等。

（5）按加工工艺分，有熏火腿、压缩火腿、煮制火腿、烘烤火腿、鲜熟火腿、鲜生火腿、盐水火腿、长火腿、拉克斯熏腿和其他各具地方特色的地方火腿。

尽管火腿品种较多，但一般概念上的火腿，中式为整只腿，西式为盐水火腿、腌/熏火腿。

二、西式火腿的特点

西式火腿的特点是工业化程度高、工艺标准化、产品标准化，适合机械化大规模生产。西式肉制品生产设备主要有盐水注射机、滚揉机、斩拌机、灌装机、烟熏蒸煮设备及各种肉品包装设备等，这些设备自动化程度高，操作方便，适合大规模自动化生产。

西式火腿的商品特点是腌制肉呈鲜艳的红色，脂肪和结缔组织极少，组织多汁味厚、滑嫩可口，切面基本没有孔洞和裂隙，有大理石纹状，有良好咀嚼感且不塞牙，营养价值丰富。就组织状态而言，中、西式火腿迥然相异。中式火腿瘦而柴、肉香浓，西式火腿滑而嫩、肉香淡。

西式火腿多采用低温蒸煮加工而成，最大限度地保留了肉原有的组织结构和天然成分，营养素破坏少，肉中的呈味物质未遭破坏，具有营养丰富、口感嫩滑的特点。其因味道清淡、鲜嫩多汁、营养丰富、携带方便，越来越受到市场的欢迎，尤其是对于快节奏生活的人群来说，已成为一种经常食用的菜肴。因此西式火腿的市场占有率越来越高，西式火腿加工业的发展会更加迅速。

三、西式火腿的加工设备

1. 盐水注射机

腌制常采用干腌法（在肉表面擦上腌制液）和湿腌法（放入腌制液中）两种方法，但是腌制液渗透到肉的中心部位需要一定的时间，而且腌制液的渗透很不均匀。为了解决以上问题，采用将腌制液注射到原料肉中的办法，既缩短了腌渍时间，又使腌制液分布均匀。

自动盐水注射机的工作流程如下：把腌制液装入储液槽中，通过加压把储液槽中的腌制液送入注射针中，用不锈钢传送带传送原料肉，在其上部有数十支注射针，通过注射针的上下运动（每分钟上下运动5～120回），把腌制液定量、均匀、连续地注入原料肉中。

2. 滚揉机

滚揉机有两种：一种是滚筒式滚揉机（图8-1），另一种是搅拌式滚揉机（图8-2）。

图8-1　滚筒式滚揉机　　　　图8-2　搅拌式滚揉机

滚筒式滚揉机的外形为卧置的滚筒，筒内装有经腌制注射后需滚揉的肉。由于滚筒转动，肉在筒内上、下翻动，使肉互相撞击，从而达到按摩的目的。

搅拌式滚揉机近似于搅拌机，外形也是圆筒形，但是不能转动，筒内装有一根能转动的桨叶，通过桨叶搅拌肉，使肉在筒内上下滚动，相互摩擦而变松弛。

滚揉机与盐水注射机配合，能加速腌制液在肉中的渗透，缩短腌渍时间，使腌渍均匀。同时滚揉机还可提取盐溶性蛋白质，以增加黏着力，改善制品的切片性，增加保水性。

3. 压模机

压模机在真空条件下，将肉料压入模具中成型。抽真空的目的在于避免肉料内有气泡，造成蒸煮时损失或产品切片时出现气孔现象。压模机的构造如下：先将定量的肉料充入塑料膜内，再装入模具内，压上盖，蒸煮成型，冷却后脱模。

4. 蒸煮槽

蒸煮槽是用于加热各种肉制品的加热容器。蒸煮槽上带有自动温度调节器，可自动保持所设定的温度。蒸煮槽的作用主要是加热杀菌，通过高温杀死附着在制品上的微生物，提高其保存性。

四、西式火腿的工艺流程及操作要点

西式火腿根据原料肉的颗粒大小分为块肉类和肉糜类，以下以块肉类和肉糜类产品两条工艺生产线为例，分析每道工序的目的、操作要领、常出现的问题，以及加工过程中的质量控制、注意事项、各工序所用的机械设备。

1. 工艺流程

图 8-3 所示的两条工艺生产线基本包括了常规西式火腿制品的各生产工序，但并非所有产品都需要图中所有的工序，在生产过程中还要根据具体产品和各生产厂家的自身实际情况进行选择。

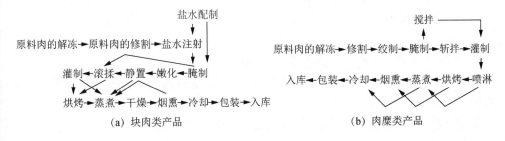

图 8-3　西式火腿生产工艺流程

2. 操作要点

1）西式火腿原辅料的选择

（1）选择 pH 大于或等于 5.6～5.8 的鲜肉，以增强保水性、黏合性、多汁性、风味性和嫩度；如 pH 小于 5.6，就接近大多数蛋白质的等电点，这时的蛋白质不显电性，与水分子间的吸引力极小（水化程度极弱），但可作干火腿用肉。

（2）剔除灰白、质软、渗水的 PSE 肉和暗褐、硬性、干样的 DFD 肉，以增强保水多汁性、吸盐具咸性、抗菌保存性。

（3）选择商品等级较高的肉，如后腿肌肉。

（4）选择尽可能新鲜的肉、冷却肉，排斥超期冻肉。

（5）选筋腱少、黏结力强的肉，如兔肉、牛肉，以及猪肉的颈背肌肉等。

（6）火腿辅料的选择很重要。如果肠馅口感不好，可以立刻通过调味料等来进行调整，但如果火腿的口感不好，则无法弥补。

2）解冻

（1）解冻的原则：

① 尽可能恢复新鲜肉的状态。

② 尽可能减少汁液流失。

③ 尽可能减少污染。

④ 适合于工厂化生产（时间短、解冻量大）。

（2）解冻方法：解冻方法有空气解冻（也称自然解冻）、水解冻、真空解冻、微波解冻。后两种方法不适合工厂化生产，一般采用前两种解冻方法。

3）原料肉的修割

剔除筋腱、碎骨、淤血、伤斑、淋巴结、污物及外来杂质，修去过多脂肪层。根据产品的不同及后序工艺的需要将肉块修割成规定的大小和形状。肉块如太大，要用刀划成几小块（条），如拳头大小即可。去骨的原料肉一定要去骨干净，以免损伤后续加工设备。修割时还要注意安全，维护好刀具，防止污染（落地肉）。

原料中严禁混入塑料、断毛残皮、佩戴饰物等异物。原料修整后，可放在 2～3℃下腌制 8h（大块的肉要 72h），以增加黏结力。

4）腌制液的配制

（1）关于配料问题：

① 严格按照配方配料，做到准确，无漏加、重加。

② 了解各添加剂的基本性能，有相互作用的不要放在一起，而且要便于后面按顺序添加。

③ 添加量比较小且对产品影响比较大的要单独盛放，而且它们的添加顺序一般是先溶解再添加。

④ 添加顺序：磷酸盐→食盐（亚硝酸盐）→卡拉胶、糖、味精→其他。

（2）各添加剂的作用：

① 亚硝酸盐具有发色作用。

② 卡拉胶具有溶胀作用。

③ 多聚磷酸盐具有保水作用。

（3）注意事项：腌制液温度控制在 5℃以下，溶解要充分，必要时须过滤。腌制液要随用随配，不能长时间放置。

5）盐水注射

盐水注射分静脉注射法和肌肉注射法两种，常用后者。注射法是使用专用的盐水注射机，把已配好的腌制液，通过针头注射到肉中而进行腌制的方法。注射带骨肉时，在针头上应装有弹簧装置，遇到骨头可以弹回。

（1）盐水注射的目的：①加快腌制速度；②使腌制更均匀；③提高产品出品率。事实上盐水注射和后面的嫩化、滚揉都有一个共同的目的，就是加速腌制，缩短腌制时间，提高生产效率。

（2）注射率：

$$注射率（\%）=\frac{注射后肉质量（g）-注射前肉质量（g）}{注射前肉质量（g）}\times100\%$$

一般情况下注射率不低于 20%。因为各厂家的盐水注射机不同，有手动和自动的；有注射压力可调的，有不可调的；注射针的多少和密度也不一样等，所以可采用一次或多次注射法达到目的。

（3）注意事项：

① 链式输送注射机一定要将肉均匀地分布在输送链上，使注射均匀。

② 腌制液在注射前一定要过滤。

③ 先起动盐水注射机至腌制液能从针内排出后，再注射肉，以免将盐水注射机内的清水或空气注入肉内。

④ 注射前后要认真清洗盐水注射机，特别是管道内和针内。注射前后要用清水使机器空转 2～5min。

6）腌制

（1）腌制的目的（表 8-1）。

表 8-1 腌制的目的

腌制的目的	对应的盐腌成分
防腐保存	食盐、亚硝酸钠、硝酸钠、山梨酸钾
发色、稳色	亚硝酸钠、硝酸钠、（异）抗坏血酸钠
提高肉的保水性和黏结性	食盐、磷酸盐
改善风味	食盐、亚硝酸钠、味精、香精、香料

（2）不同食盐浓度的防腐能力：

① 少盐（3%）：对腐败菌繁殖力的抑制能力是微小的。

② 中盐（6%）：已能防止腐败菌繁殖。

③ 多盐（9%）：能防止腐败菌繁殖，但乳酸菌和酵母菌尚能繁殖。

④ 强盐（12%）：乳酸菌还能活动，适合于长久储存。

⑤ 超强盐（15%）：细菌类大部分已停止繁殖，适于肉类腌藏。

（3）腌制的温度：以 2～4℃为最佳。温度太低，腌制速度慢，时间长，甚至腌不透，若冻结，还有可能造成产品脱水；温度太高，易引起细菌大量生长，部分盐溶性蛋白质变性。

（4）腌制时间：腌制的时间要根据肉块的大小、腌制液的浓度、温度及整个工艺所用的设备等确定，目的是腌透。

（5）环境及腌制容器的卫生：在肉制品加工过程中，腌制这个环节停留的时间比较长，如果环境卫生不达标很容易污染。

（6）腌制过程中成分的变化：

① 腌制时肌肉组织中的可溶性蛋白质、可溶性浸出物等会转移至腌制液中，转入的数量取决于腌制液的浓度和腌制时间。大分子蛋白质不能通过细胞膜扩散，只有组织被破坏的部分才会溶入腌制液中。

② 结缔组织中的胶原蛋白和弹性蛋白不能向腌制液中转移，只有发生膨胀。

③ 脂肪不能溶于腌制液中。脂肪和肌肉应分别腌制，因为脂肪能阻碍肌肉的腌制速度和盐溶性蛋白质的溶出。

④ 保水性提高。经过腌制，肌肉中处于非溶解状态或凝胶状态的蛋白质，在一定浓度腌制液作用下转变成溶解状态或溶胶状态。实验证明，在食盐浓度≤5.8%时，随盐浓度增大，肉保水性提高；当食盐浓度＞5.8%时，随盐浓度增大，肉的保水性会降低。

（7）腌制成熟的标志：用刀切开肉块，若整个切面色泽一致，呈玫瑰红色，指压弹性均相等，说明已腌好；若中心仍呈青褐色，俗称"黑心"，说明没有腌透。

（8）腌制注意事项：

① 掌握好腌制时间和腌制温度，腌制时间和腌制液浓度密切相关。

② 腌制期间注意观察肉质的变化。腌制期间，腌制间温度太高或肉质不新鲜等均会使腌制液酸败。腌制液变质的特征是水面浮有一层泡沫或有小气泡上升。

（9）肥膘的腌制：肥膘的腌制往往被很多生产厂家忽略，而且直接将其绞制或斩拌成粥状，使产品很容易出油，影响质量。经腌制好的肥膘切面呈青白色，切成薄片略透明，这主要是脂肪被盐作用后老化的结果。脂肪中含有盐分，在与肌肉或其他成分相遇时容易相互结合，遇其他含盐量低的成分，盐就会从脂肪中释放出来，使脂肪结构发生变化，便于乳化。

7）嫩化

肉的嫩化是通过嫩化机来完成的，其目的是通过机械的作用，将肌肉组织破坏，更有利于盐溶性蛋白质的提取。

嫩化操作时先开启嫩化机，将肉块纤维横向投入嫩化机内入口，嫩化的次数要根据嫩化机的情况和产品工艺的要求确定。

8）静置

经过嫩化的肉块应再次投入腌制液中腌制 2h 左右。此过程可在滚揉机内进行，保持滚揉机静止状态，滚揉间温度保持在 24℃，使腌制成分进一步渗透到肉内部。

9）滚揉

滚揉又称按摩，是通过翻滚、碰撞、挤压、摩擦来完成的。它是块状类西式肉制品生产中最关键的一道工序，是机械作用和化学作用有机结合的典型，对产品的切片性、出品率、口感、色泽都有很大影响。

（1）滚揉的作用：

① 破坏肉的组织结构，使肉质松软。腌制后、滚揉前的肉块质地较硬（比腌制前还硬），可塑性极差，肉块间有间隙，黏结不牢。滚揉后，原组织结构被破坏，部分纤维断裂，肌肉松弛，质地柔软，可塑性强，肉块间结合紧密。

② 加速腌制液渗透和发色。滚揉前肌肉质地较硬，在低温下，很难使腌制液均匀渗透，通过滚揉，肌肉组织破坏，非常有利于腌制液的渗透。

③ 加速蛋白质的提取和溶解。盐溶性蛋白质的提取是滚揉最重要的目的。肌纤维中的蛋白质——盐溶性蛋白质（主要指肌球蛋白）具有很强的保水性和黏结性，只有将它们提取出来，才能发挥作用。尽管在腌制液中加入很多盐类，提供了一定离子强度，但只是极少数的小分子蛋白溶出，而多数蛋白质分子只是在纤维中溶解，不会自动渗透出肉体，通过滚揉才能快速将盐溶性蛋白质提取出来。

（2）滚揉不足与滚揉过度：

① 滚揉不足。因滚揉时间太短，肉块内部肌肉还没有松弛，腌制液还没有被充分吸收，蛋白质萃取少，以致肉块里外颜色不均匀，结构不一致，黏合力、保水性和切片性都差。

② 滚揉过度。滚揉时间太长，被萃取的可溶性蛋白质太多，在肉块与肉块之间形成一种黄色的蛋白胨，会影响产品整体色泽，使肉块黏合性、保水性变差。黄色的蛋白胨是变性的蛋白质。

（3）滚揉的标准和要求：

① 肉的柔软度。手压肉的各个部位无弹性，手拿肉条一端不能将肉条竖起，上端会自动倒垂下来。

② 肉块表面被凝胶物均匀包裹，肉块状和色泽清晰可辨，肌纤维被破坏，明显有糊状感觉，但糊而不烂。

③ 肉块表面很黏，将两小块肉条粘在一起，提起一块，另一块不会瞬间掉下来。

④ 刀切任何一块肉，里外色泽一致。

（4）滚揉的技术参数：

① 滚揉时间。滚揉时间并非所有产品都是一样的。要根据肉块大小、滚揉前肉的

处理情况和滚揉机的情况具体分析。下面介绍一般滚揉时间的计算公式。

$$T=L/UN$$

式中：U——滚揉筒的周长（$U=\pi R$，R 为滚揉筒直径），m；

      N——转速，r/min；

      L——滚揉筒转动的总距离，m，一般为 10000～15000m；

      T——总转动时间（有效时间，不包括间歇时间），min。

② 适当的载荷。滚揉机内盛装的肉一定要适当，过多或过少都会影响滚揉效果。一般设备制造厂家会给出罐体容积，建议按容积的 60%装载。

③ 滚揉期和间歇期。在滚揉过程中，适当的间歇是很有必要的，以使肉在循环中得到"休息."一般采用开始阶段工作 10～20min，间歇 5～10min，至中后期，工作 40min，间歇 20min。根据产品种类不同，采用的方法也各不相同。

④ 转速。建议转速 5～10r/min。

⑤ 滚揉方向。滚揉机一般具有正、反转功能。在卸料前 5min 应反转，以清理出滚揉筒翅片背部的肉块和蛋白质。

⑥ 真空。真空状态可促进腌制液的渗透，有助于去除肉块中的气泡，防止滚揉过程中产生气泡，一般真空度控制在一个大气压的 70%～80%。真空度太高会起反作用，肉块中的水会被抽出来。滚揉结束后使罐体静置于真空状态下，保持 5～10min 泄压后再出料。

⑦ 温度控制。较理想的滚揉间温度为 0～4℃。当滚揉温度超过 8℃时，产品的结合力、出品率和切片性等都会显著下降。建议使用可制冷真空滚揉机。在滚揉过程中，肉在罐内不断地摔打、摩擦，罐内肉品的温度会上升。若滚揉机可制冷，则可以控制肉品温度。

⑧ 呼吸作用。有些先进的滚揉机还具有呼吸功能，即通过间断的真空状态和自然状态转换，使肉处于松弛和收缩，达到快速渗透的目的。

（5）滚揉机的分类：

滚揉机可分为立式滚揉机和卧式滚揉机。

10）绞制

肉的绞制是利用绞肉机将相对较大的肉块绞切成适合加工要求的小块或肉粒。操作要领如下。

滚揉机的
使用

（1）绞肉机的检查。选择合适的刀具和金属筛眼板。用来绞冻肉和鲜肉的刀具要区分，要根据工艺要求选择筛眼板孔大小；刀具和筛眼板应吻合，不得有缝隙（刀和筛眼板应定期由专人研磨）。绞肉机要清洗。

（2）原料准备。精肉和肥膘要分别绞制，绞制前应切成适当大小的肉块，并保证肉温低于 5℃。

（3）绞制方法。如果是三段式绞肉机，一般可一次性完成；如果不是三段式绞肉机又要求肉粒较小，可分级多次绞制。先用大筛眼板绞制，再用小筛眼板绞制。一次投肉不要太多、太快。绞制完的肉温一般不应超过 10℃。

11）斩拌

斩拌，顾名思义就是斩切、拌和，是通过斩拌机来完成的。

（1）斩拌的作用：

① 破坏结缔组织薄膜，使肌肉中的盐溶性蛋白质释放出来，从而提高其吸收水分的能力。

② 乳化作用，增加肉馅的保水性和出品率，减少油腻感，提高嫩度。

③ 改善肉的结构状况，使瘦肉和肥肉结合更牢固，防止产品热加工时走油。

（2）斩拌原理：肌动蛋白和肌球蛋白具有丝状的结构蛋白体，外面由一层结缔组织膜包裹着，不打开这层膜，这层蛋白就只能保持本体的水分，不能保持外来水分。斩拌就是为了打开这层膜，使蛋白质游离出来。这些游离出来的蛋白质吸收水分，并膨胀形成网状蛋白质胶体。这种蛋白质胶体具有很强的乳化性，能包裹住脂肪颗粒，从而达到保油的目的。

（3）斩拌顺序：原料肉适当细切或绞制（温度 0～2℃）→瘦肉适当干斩→加斩拌助剂和少量冰水溶解的盐类→1/3 冰屑或水控制温度→斩至肉具有黏性，添加肥膘→添加乳化剂→1/3 冰屑或水、淀粉、香料、香精和其他→加剩余冰屑或水。斩拌结束，肉馅温度不得超过 15℃（一般要求 8℃左右）。

（4）检验斩拌程度的方法：斩拌是一项技术含量相对比较高的工作，在某种程度上说，含有很多经验性成分，如斩拌速度的调整、各成分添加的时机、斩拌温度的控制等。

检测方法：如果用手用力拍打肉馅，肉馅能成为一个整体，且发生颤动，从肉馅中拿出手来，分开五指，手指间形成很好的"蹼"状粘连，说明斩拌比较成功。

斩拌时添加的各种料要均匀地撒在斩拌锅的周围，以达到拌和均匀的目的。

（5）影响斩拌质量的因素：

① 设备因素。包括斩拌机的速度（转速）、斩拌机的刀锋利程度、刀与锅间的距离（要求只有一张牛皮纸厚的间隙）。

② 装载量。合理的装载量是所有材料添加完后，即最终肉馅至锅边沿有 5cm 的距离。

③ 斩拌细度。包括瘦肉和脂肪，应充分斩拌成乳化状态。细度不够，会影响乳化体的形成；斩得过细，会造成脂肪不能被蛋白质有效包围，出现出油现象。

④ 斩拌温度。斩拌结束后，温度不能超过 15℃，在斩拌过程中可以采用冰水降温。

⑤ 水和脂肪的添加量。水的添加量受很多因素的影响，如肉的情况、增稠剂的添加情况。若不考虑其他因素，一般水的添加量占精肉的 15%～25%，脂肪占精肉的 20%～30%。

在乳化过程中，适量的脂肪并非作为"被动"的成分拌入蛋白质网络中，它在稳定蛋白质-水-脂肪这一体系中也起着积极的作用。在热加工时，脂肪能防止蛋白质网络受热过分收缩，所以适当添加脂肪对肉的保水性有一定的积极作用。脂肪的添加，一要适量，二不能斩得太细，以免不能完全被蛋白质所包裹。

（6）斩拌机的性能：①转速；②真空与否；③时间和温度显示/时间和温度控制；④安全保护；⑤拌和功能（不斩只拌）。

（7）斩拌刀：刀的锋利程度是影响斩拌效果的一个因素。锋利程度直接影响斩拌温度、时间、肉组织破坏及乳化效果。斩拌刀应由专业技术人员定期磨，而且由专业人员安装，对称的刀质量应一致。

（8）关于基础馅和添加馅：基础馅也就是通过斩拌提取盐溶性蛋白质制备的肉馅，基础馅主要起到保水、保油、增加弹性、把添加馅结合在一起等作用。添加馅主要是为了美观。

12）搅拌

（1）搅拌的目的：

① 使原料和辅料充分混合、结合。

② 使肉馅通过机械的搅动达到最佳乳化效果。

未经斩拌的原料，通过搅拌可实现一定程度的乳化，达到有弹性的目的。搅拌肉使用脂肪，也要先使瘦肉产生足够的黏性后，再添加脂肪。

（2）搅拌的顺序：搅拌时各种材料的添加顺序与斩拌相同，温度同样控制在15℃以下，各种材料添加时应均匀地撒在叶片的中央部位。

（3）搅拌应注意的问题：

① 转速和时间。要根据肉块的大小和要达到的目的不同，合理地调整转速和时间。

② 温度。搅拌时因机械的作用，肉馅温度上升很快，应采取措施降低温度，或采用可以制冷的真空搅拌机，并控制在12℃以下。

搅拌机有真空搅拌机和非真空搅拌机。真空搅拌机能有效地控制气泡的产生，在采用真空搅拌机时，在最后阶段应保持适当真空度，在真空状态下进行搅拌。

13）装模（充填）、扭结或打卡

目前装模的方式有手工装模和机械装模两种。机械装模有真空装模和非真空装模两种。手工装模不易排出空气和压紧，成品中易出现空洞、缺角等缺陷，切片性及外观较差。真空装模是在真空状态下将原料装填入模，肉块彼此粘贴紧密，且排除了空气，减少了肉块间的气泡，因此可减少蒸煮损失，延长保存期。

将腌制好的原料肉通过充填机压入动物肠衣，或不同规格的胶质及塑料肠衣中，用铁丝和线绳结扎后即成圆火腿。有时将灌装后的圆火腿2个或4个一组装入不锈钢模或铝盒内挤压成方火腿，也可将原料肉直接装入有垫膜的金属模中挤压成简装方火腿，或是直接用装听机将已称重并搭配好的肉块装入听内，再经压模机压紧、真空封口机封口制成听装火腿。

14）烘烤

采用天然肠衣充填的圆火腿可以进行烘烤。

（1）烘烤的作用：

① 使肉馅和肠衣紧密结合在一起，增加牢固度，防止蒸煮时肠衣破裂。

② 使表面蛋白质变性，形成一层壳，防止内部水分和脂肪等物质流出及香料散发。

③ 便于着色，且使上色均匀。

（2）烘烤成熟的标志：

① 肠衣表面干燥、光滑，无黏湿感，肠体之间摩擦发出丝绸摩擦的声音。

② 肠衣呈半透明状，且紧贴肉馅。

③ 肠表不出现走油现象。

烘烤时间、烘烤室温度和肠体直径关系如表 8-2 所示。

表 8-2　烘烤时间、烘烤室温度和肠体直径的关系

肠体直径/cm	烘烤时间/min	烘烤室温度/℃	产品中心温度/℃
1.7	20～25	55～60	
4～6	40～50	70～80	43±2
7～9	60～90	70～85	

注：一般烘烤室温度为 65～70℃。

（3）烘烤方法：木柴明火、煤气、蒸汽、远红外线。

（4）烘烤量：烘烤量要根据炉的容积来定。肠体间必须有间隙。烘烤时炉内热量分布应尽可能地均匀。一般情况下，炉越大，烘烤量越大，热量分布越不均匀。

15）蒸煮

（1）蒸煮的目的：

① 促进发色和固定肉色。

② 使肉中的酶灭活。肉组织中有许多种酶，如蛋白质分解酶在 57～63℃时短时间就能失活。

③ 杀灭微生物。在低温肉制品加热过程中，只是杀灭了大部分的微生物，达到了食用要求，并没将微生物灭绝（只有加热至 121℃、15min 以上才能灭绝）。加热杀死微生物的数量与加热时间、温度、加热前细菌数、添加物、pH 及其他各种条件有关。

④ 蛋白质热凝固（肉的成熟）。

⑤ 降低水分活度。

⑥ 提高风味。肉的熟制使其风味提高，其变化是复杂的，而且是多种物质发生化学变化的综合反应，如氨基酸与糖的美拉德反应、多种羰基化合物的生成、盐腌成分的反应。

（2）蒸煮的方法：

① 用蒸汽直接蒸煮（常在熏蒸炉内进行）。

② 用水浴蒸煮。

具体采用哪种方法要根据产品特点（如生产量大小）、工艺要求（如有些肠衣需要上色）而定。

（3）注意事项：

① 产品若采用水浴煮制，一般采用方锅而不采用圆夹层锅，特别是肠类产品，因夹

层锅加热不均匀，容易爆肠。无论什么产品用水浴锅煮制，都一定让产品全部没入水中。

② 水的传热比蒸汽快，在相同温度下，水浴加热比蒸汽加热时间要稍短。

③ 烘烤后的产品应立即煮制，不宜搁置太长，否则容易酸败。

④ 蒸煮不熟的产品应立即回锅加热，不得待其冷却后再加热。否则淀粉的影响会造成产品再也煮不熟。

（4）检测产品是否煮熟的方法：

① 检测产品中心温度。若产品中心温度达到 72℃以上，只要再保持 15min 即可。

② 手捏。用手用力捏一捏，若感到硬实，有弹性，为煮熟；若产品软弱，无弹性，为不熟。

③ 刀切。产品从中心切开后，里外色泽一致，且有光泽、发干，为熟；内部发黏、松散，里外颜色不一致，为不熟。

不同直径肠衣产品与蒸煮时间的关系如表 8-3 所示。

表 8-3　不同直径肠衣产品与蒸煮时间的关系

直径/cm	恒定温度/℃	蒸煮时间/min
1.7		15～20
4～6	80±1	45～55
7～9		80～90

（5）一般产品蒸煮温度：一类是 72～80℃；一类是 85～95℃。

16）烟熏

（1）烟熏的作用：

① 赋予制品独特的烟熏风味。酚类、醇类、有机酸、羰基化合物及其与肉的成分发生反应生成的呈味物质共同构成烟熏风味。

② 形成独特的颜色（茶褐色）。这种颜色的形成是制品表面的氨基化合物与烟熏成分中的羰基化合物发生褐变反应或美拉德反应的结果。

③ 杀菌、防腐。烟熏中的醛、酸、酚等均有杀菌能力，特别是酚类衍生物的杀菌能力更强。

④ 抗氧化。酚类及其衍生物有较强的抗氧化作用，特别是脂肪的酸败。

⑤ 脱水干燥，便于储存。烟熏时，烟熏室温度越低，产品色越淡，呈淡褐色；烟熏室温度越高，产品色越深，呈深褐色。

（2）影响烟熏成分渗透的因素：熏烟的成分，熏烟的浓度，烟熏室的温度、湿度，产品的组织结构，脂肪和肌肉的比例，产品的水分含量，产品肠衣材料，熏制的方法，熏制的时间。

（3）关于烟熏和蒸煮顺序问题：在我国，由于原材料的卫生状况并不好，再加上各生产环节卫生控制不严，入炉的半成品含菌量很高。常采用的烘烤温度一般为 60～70℃。产品内部温度一般不会超过 50℃，所以烘烤后半成品含菌量是很高的，如果直接进行

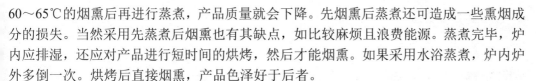

60～65℃的烟熏后再进行蒸煮，产品质量就会下降。先烟熏后蒸煮还可造成一些熏烟成分的损失。当然采用先蒸煮后烟熏也有其缺点，如比较麻烦且浪费能源。蒸煮完毕，炉内应排湿，还应对产品进行短时间的烘烤，然后才能烟熏。如果采用水浴蒸煮，炉内炉外多倒一次。烘烤后直接烟熏，产品色泽好于后者。

（4）注意事项：

① 烟熏时，要使制品表面干净。

② 烟熏室内悬挂的制品不要过多或过少，更不能粘连。

③ 烟熏前应适当地干燥。

④ 烟熏炉内温度升降不要太快，若采用先烟熏后蒸煮的方式，烟熏完毕应立即蒸煮。

⑤ 烟熏时不要有火苗出现。

⑥ 烟熏温度、时间要因制品的种类、工艺要求而定。

⑦ 做好记录。

17）冷却

产品的冷却就是产品热加工结束后从较高温度降至适宜储存温度的能量传递过程。

（1）产品冷却要求：

① 冷却要快，特别是要快速降至安全温度线20℃以下。

② 冷却要彻底，中心温度要低于10℃。

③ 尽可能减少冷却过程的污染（采用合适的冷却方法，减少冷却介质的污染）。

（2）冷却方法：冷却的方法有冷水喷淋冷却、冷水浸泡冷却、自然冷却和冷却间冷却。采用哪种冷却方法，应根据产品的特点和各生产厂自身条件确定，目的是提高产品的储藏性。利用模具成型的产品应连同模具一起冷却。

18）包装

包装间尽可能做到无菌包装；包装间的温度尽可能与冷却后的产品温度一致，防止产品"出汗"；尽量保持干燥。食品加工人员除一般要求外，进入包装间还要进行特别消毒，要戴口罩、手套。

五、西式火腿的质量控制要点

1. 原料及其预处理

（1）原料选择时，必须符合《食品安全国家标准　鲜（冻）畜、禽产品》（GB 2707—2016）的有关要求。

（2）选择适合加工的原料肉，在切块和修整时，室温必须在10℃以下，以防温度超标而引起微生物的繁殖。冻肉在解冻时，必须采用科学工艺，严格管理，防止解冻过程中微生物的大量增殖。

（3）辅料的选用也应严格把关，淀粉应选用干燥、洁白、无杂质者为佳。其他添加剂应符合《食品安全国家标准　食品添加剂使用标准》（GB 2760—2014）的要求。

2. 腌制和滚揉

在原料肉的腌制过程中，采用盐水注射腌制法，可以缩短腌制时间至 16～24h。准确配制腌制液，严格控制腌制温度在 5℃左右。滚揉过程必须在冷却间进行（室温 10℃以下），滚揉结束，肉料温度不得超过 12℃。若温度升高，则不仅有利于微生物的生长繁殖，还能使肉料蛋白质变性，影响肉的保水性和产品品质。

3. 蒸煮

先将水加热至 85℃左右，然后把装好的火腿模具放入热水中，保持水温 85℃左右，具体时间可按每 1kg 产品蒸煮 1h 计算，直至火腿中心温度达到 68～72℃为止。

4. 冷却和包装

火腿出锅以后，必须立即用冷却水将模具温度降至 38～40℃，然后迅速转入 0℃库内冷却 12～15h 即为成品。应该注意的是，冷却水必须采用符合国家饮用水标准的水，包装材料应用紫外灯表面消毒 1h 以上。

5. 加工过程的卫生管理

（1）对火腿生产车间的空气要定期消毒，可采用紫外线或化学熏蒸消毒。

（2）每周用质量分数为（1×10^{-4}）～（2×10^{-4}）的氯水溶液对车间地面喷洒消毒 1 次，每次 4h 以上。

（3）定期对设备进行消毒处理，可用质量分数为 0.1% 的漂白粉溶液冲洗后再用清水冲洗干净。

（4）工作人员必须身体健康，进入车间前用 75% 的酒精对手进行消毒，班前对工作服进行紫外灯消毒，并定期进行蒸煮消毒。

盐水火腿的加工

一、要点

（1）盐水火腿的工艺流程及操作要点。
（2）盐水的配制。
（3）盐水注射机、滚揉机的操作。

二、相关器材

冷藏柜、刀具、台秤、蒸煮锅、加热灶、真空滚揉机、盐水注射机、火腿模具。

三、材料与配方

按猪后腿肉 10kg 计，腌制液配方：精盐 500g、水 5kg、亚硝酸盐 1.5g、味精 300g、砂糖 300g、白胡椒粉 10g、复合磷酸盐 30g、生姜粉 5g、苏打 3g、肉豆蔻粉 5g，经溶解、拌匀过滤，冷却到 2～3℃备用。其他配料配方：淀粉 0.5～0.8kg、味精 50g。

四、工艺流程

原料选择→盐水注射→腌制滚揉→充填成型→蒸煮→整形冷却→脱模包装→储藏。

五、操作要点

（1）原料选择：选择检验合格的猪后腿肉或背最长肌作为原料，将肉块上所有可见脂肪、结缔组织、血管、淋巴、筋腱等修除干净，再切成厚度不大于 10cm、重约 300g 的肉块，去除皮和脂肪，再剔去骨头。

（2）盐水注射：将配制好的腌制液由盐水注射机按肉重的 20%进行肌肉注射，使腌制液均匀地渗入肌肉中。

（3）腌制滚揉：将注射好的肉块放入真空滚揉机，滚揉过程即为腌制过程，每小时滚揉 20min，正转 10min，反转 10min，停机 40min，腌制 24～36h。腌制结束前加入适量淀粉和味精，再滚揉 30min，肉温控制在 3～5℃。

（4）充填成型：用不同规格的不锈钢模具，充入相应规格的肉料，压制成型。充填间温度控制在 10～12℃，充填时每只模具内的充填量应留有余地，以便称量检查时填补。在装填时把肥肉包在外面，以免影响成品质量。

（5）蒸煮：模具分层交叉垛于平底蒸煮锅内，放入清水，水面稍高于模具顶部。水温加热至 78～80℃后，保持 3h 左右，至产品中心温度达 68℃。加热时间一般取决于蒸煮温度和产品质量。一般蒸煮 1h/kg。

（6）整形冷却：整形的目的是将模具的压盖位置加以调整，防止产品形状怪异，影响美观。同时略加压力，使产品内部结构更为紧密。

（7）脱模包装：整形后的火腿即送入 2～5℃冷库内继续冷却，时间为 12～15h，至产品中心温度与库温平衡即可脱模包装，在 0～4℃冷藏库中储藏。

六、注意事项

（1）保证足够的滚揉时间。保证滚揉温度在 2～4℃，加冷冻水或冰块降温。真空度在 60～90kPa。

（2）装模充填致密，无气泡。根据模具大小控制杀菌时间和温度，保证产品中心温度为 68℃。

七、质量控制

成品组织致密，有弹性，切片完整，切面无密集气孔且没有直径大于 3mm 的气孔；

肉制品生产技术

切片呈均匀的粉红色或玫瑰红色，有光泽；无汁液渗出，无异物；咸淡适中，滋味鲜美，具固有风味，无异味。

八、完成生产记录单

根据所学知识加工盐水火腿，完成生产记录单（表8-4）。

表 8-4　盐水火腿的生产记录单

任务	生产记录			备注
生产方案的制订	配方： 工艺流程：			
材料选择与处理	材料名称	质量	处理方法	
	所需设备及使用方法：			
盐水注射	所需设备及使用方法： 盐水的主要成分： 盐水配制过程中各种添加剂的添加顺序： 盐水注射量：			

续表

任务	生产记录	备注
腌制滚揉	所需设备及使用方法： 滚揉参数： 肉温：	
充填成型	所需设备及使用方法： 温度：	
蒸煮	所需设备及使用方法： 水温： 产品中心温度： 蒸煮时间：	
冷却	所需设备及使用方法： 冷库温度： 冷却时间： 储藏温度：	
成品感官检验	感官指标检验及结果：	
产品展示、自评及互评	产品评价： 产品改进措施： 产品出品率： 成本核算： 任务总评：	

课后习题

一、填空题

1. 滚揉机分为_____滚揉机和_____滚揉机。
2. 西式火腿加工中，亚硝酸盐的主要作用是_____。

3. 卡拉胶在西式火腿加工中的主要作用是_____。

4. 多聚磷酸盐在西式火腿加工中的主要作用是_____。

5. 中式火腿因产地、加工方法和调料的不同分为 3 种：南腿以_____为代表，北腿以_____为代表，云腿以_____为代表。

6. 注射带骨肉时针头上应装有_____装置。

7. 腌制常采用_____和_____两种方法。

二、单项选择题

1. 滚揉机内盛装的肉按容积的（　　）装卸。
A. 60%　　　　　　B. 50%　　　　　　C. 65%　　　　　　D. 55%

2. 斩拌机的种类不包括（　　）。
A. 真空斩拌机　　B. 充氮斩拌机　　C. 普通斩拌机　　D. 充氧斩拌机

3. 火腿起源于（　　）。
A. 欧洲　　　　　　B. 北美　　　　　　C. 日本　　　　　　D. 中国

4. 西式火腿绝大多数由（　　）加工而成。
A. 猪肉　　　　　　B. 牛肉　　　　　　C. 羊肉　　　　　　D. 鸡肉

三、多项选择题

1. 在肉制品加工中，斩拌的目的是（　　）。
A. 使肌肉纤维蛋白形成凝胶和溶胶状态　　B. 提高肉馅的黏度和弹性
C. 提高肉馅的含水量　　　　　　　　　　D. 改善肉馅的色泽

2. 西式火腿的种类按形状可分为（　　）。
A. 方腿　　　　　　B. 圆腿　　　　　　C. 原形火腿　　　　D. 卷火腿

3. 西式火腿按加工工艺可分为（　　）。
A. 熏火腿　　　　　B. 压缩火腿　　　　C. 烘烤火腿　　　　D. 鲜熟火腿

四、判断题

1. 一般概念上的火腿，中式为整只腿，西式为盐水火腿。（　　）
2. 西式火腿适合大规模自动化生产。（　　）
3. 西式火腿的原料肉选择 pH 小于 5 的鲜肉。（　　）
4. 兔肉可用于加工西式火腿。（　　）
5. 盐水注射分静脉注射和肌肉注射两种方法，常采用后者。（　　）
6. 腌制液上浮有一层泡沫，说明腌制成熟。（　　）
7. 斩拌温度要求在 15℃以上。（　　）

五、简答题

1．西式火腿的特点是什么？
2．滚揉的作用有哪些？
3．斩拌的作用有哪些？

六、论述题

盐水火腿加工中如何配制盐水？

参考答案

项目九　熏烤肉制品生产技术

情境导入

　　大学毕业以后，你和几名同学决定去北京创业，在校期间你们都是黑龙江农垦职业学院溢香肉社的主要成员，对肉制品的加工和研发非常熟悉，大家集思广益决定合作经营一家熟食店。北京烤鸭是北京的著名特产，是你们店必不可少的产品，为了能够生产出这种产品，你们必须掌握熏烤肉制品的加工原理及方法，能够进行典型熏烤肉制品的加工。

任务　北京烤鸭的加工

任务要求

◎ 具体任务

　　根据教师提供的学习资料和网络教学资源，小组同学自学熏烤肉制品的基础知识，在教师的指导下完成学习汇报PPT。制订北京烤鸭的加工方案，按照肉制品生产企业的规范操作，完成北京烤鸭的加工。

◎ 任务准备

各组学生分别完成如下准备工作：
（1）根据教师提供的资料和网络教学资源，通过自学方式掌握熏烤肉制品生产的基础知识。
（2）根据学习资料拟定汇报提纲。
（3）根据教师和同学的建议修改汇报提纲，制作汇报PPT。
（4）按照汇报提纲进行学习汇报。
（5）根据熏烤肉制品生产的基础知识，制订北京烤鸭的加工方案。
（6）根据教师和同学的建议修改北京烤鸭的加工方案。
（7）按照制订的北京烤鸭的加工方案独立完成任务、填写生产记录单。

◎ 任务目标

（1）能够与小组同学合作完成方案的制订和汇报。

（2）能够正确选择、称重和处理原辅料、配料。

（3）能够正确对填鸭食管、气管及所有内脏进行处理。

（4）能够正确进行鸭体造型。

（5）掌握判断净膛的标准。

（6）掌握烫皮的目的。

（7）能够正确选择上糖色时使用糖的品种。

（8）掌握上糖色的目的，能够对填鸭进行上糖色操作。

（9）掌握晾皮的作用，能够正确控制晾皮的温度和时间。

（10）掌握灌汤的目的，能够正确控制灌汤用水温度和用量。

（11）掌握打色的目的，能够正确进行打色操作。

（12）能够根据填鸭大小控制烤制时间、选择烤炉温度，能够正确判断出炉时机。

（13）能够对北京烤鸭加工中出现的质量问题提出整改建议，能独立完成北京烤鸭的加工并核算产品出品率。

知识
准备

一、熏烤肉制品的概念及加工原理

1. 概念

熏烤肉制品一般是指以熏烤为主要加工方法生产的肉制品。

2. 加工原理

（1）熏制利用木材、木屑、茶叶、甘蔗皮、红糖等材料不完全燃烧而产生的熏烟和热量使肉制品具有特有的熏烟风味。腌制和烟熏经常紧密地结合在一起，在生产中相继进行，烟熏肉必须预先腌制。烟熏和加热一般同时进行，也可借温度控制而分别进行。肉类经烟熏产生香味，是由于熏烟中产生了酚类、有机酸类、醇类、羰基化合物、羟类及一些气体物质。

（2）烤制是利用热空气对原料肉进行的热加工。原料肉经过高温烤制，表面变得酥脆，产生美观的色泽和诱人的香味。肉类经烧烤产生的香味，是由于肉类中的蛋白质、糖、脂肪等物质在加热过程中，经过降解、氧化、脱水、脱氨等一系列变化，生成醛类、酮类、醚类、内酯、硫化物、低级脂肪酸等化合物，尤其是糖与氨基酸之间的美拉德反应，不仅生成棕色物质，同时还生成多种香味物质；脂肪在高温下分解生成的二烯类化合物，赋予肉制品特殊香味；蛋白质分解产生谷氨酸，使肉制品带有鲜味。

二、熏烤肉制品的分类

1. 烟熏肉制品的分类

1）按温度不同分类

肉制品工业发展到今天，烟熏实际上已不是一种完整的加工方法，在多数情况下烟

熏烤肉制
品生产与
控制1

熏仅是某一制品的一个工艺过程。根据温度不同,烟熏可分为冷熏、温熏和焙熏。

(1)冷熏。冷熏的温度一般为 30℃以下,熏制时间一般需 7~20d,熏前原料需经过较长时间的腌渍。这种方法在冬季比较容易进行,而在夏季时由于气温高,温度较难控制,特别品含水量通常在 40%以下,提高了产品的储藏性。本法主要用于腌肉或灌肠类制品加工。

(2)温熏。温熏又称热熏,可分为中温熏和高温熏两种。

① 中温熏:温度一般控制在 30~50℃,熏制时间视制品大小而定,如腌肉按肉块大小不同,熏制 5~10h,火腿则需 1~3d。这种方法可使产品风味好,质量损失较少,但由于温度条件有利于微生物的繁殖,如烟熏时间过长,有时会引起制品腐败。

② 高温熏:温度一般控制在 50~80℃,多为 60℃,熏制时间为 4~10h。采用本法在短时间内即可达到烟熏的目的,操作简便,节省劳力。但要注意烟熏过程不能升温过快,否则会有发色不均的现象。本法在我国肉制品加工中用得最多。

(3)焙熏。焙熏的温度为 95~120℃,时间为 2~4h,是一种特殊的熏烤方法,包含蒸煮或烤熟的过程。由于熏制的温度较高,产品完全可达到熟制的目的,不需要重新加工就可以食用,但产品储藏性较差,而且脂肪熔化较多,适合于瘦肉含量较高的制品。

2)按熏制后原料状态的不同分类

根据熏制后原料状态的不同,烟熏可分为生熏制品和熟熏制品。

(1)生熏制品。生熏制品种类很多,其中主要是火腿、培根,还有猪排、猪舌等。它们以猪的方肉、排骨等为原料,经过腌制、烟熏而成,具有较浓的烟熏味。

由于原料及产品特性不一样,烟熏工艺参数也不尽相同。例如,带骨火腿为冷熏,包括预备干燥需烟熏 3d 左右;带骨培根、去骨培根及通脊培根也需冷熏。即首先在 30℃条件下干燥 2~5h,然后在 30~40℃条件下烟熏 12~24h。

(2)熟熏制品。国外的熟熏制品一般先用高温熏制,然后进行熟制。例如,去骨火腿在 40~50℃条件下干燥 5h,再在 60℃烟熏 6~10h,烟熏后 75℃蒸煮 4~5h;通脊火腿在 30~50℃条件下干燥 2h,60℃烟熏 2~3h,75℃蒸煮 2~3h。

我国传统熏制品的加工,大多是在煮熟之后进行熏制,如熏肘子、熏猪头、熏鸡、熏鸭等。经过熏制加工以后,产品呈金黄色的外观,表面干燥,形成烟熏气味,增加储藏性。

2. 肉制品烧烤方法的分类

烤制使用的热源有木炭、无烟煤、红外线电热装置等,烤制方法分为明烤和暗烤两种。

1)明烤

把制品放在明火或明炉上烤制称为明烤。从使用的设备来看,明烤分为 3 种:第一种是将原料肉叉在铁叉上,在火炉上反复炙烤,烤匀烤透,烤乳猪就是利用这种方法;

第二种是将原料肉切成薄片状，经过腌渍处理，最后用铁扦穿上，架在火槽上，边烤边翻动，炙烤成熟，烤羊肉串就是利用这种方法；第三种是在盆上架一排铁条，先将铁条烧热，再把调好配料的薄肉片倒在铁条上，用木筷翻动搅拌，成熟后取下食用，这是北京著名风味烤肉的做法。明烤设备简单，火候均匀，温度易于控制，操作方便，着色均匀，成品质量好。但烤制时间较长，需劳力较多，一般适用于烤制少量制品或较小的制品。

2）暗烤

把制品放在封闭的烤炉中，利用炉内高温使其烤熟，称为暗烤。由于制品要用铁钩钩住原料，挂在炉内烤制，所以又称挂烤。北京烤鸭、叉烧肉都是采用这种烤法。

暗烤的烤炉常用的有 3 种：第一种是砖砌炉，中间放有一个特制的烤缸（用白泥烧制而成，可耐高温），烤缸有大小之分，一般小的一次可烤 6 只烤鸭，大的一次可烤 12～15 只烤鸭。这种炉的优点是制品风味好，设备投资少，保温性能好，省热源，但不能移动。第二种是铁桶炉，炉的四周用厚铁皮或不锈钢制成，做成桶状，可移动，但保温效果差，用法与砖砌炉相似，均需人工操作。这两种炉都是用炭作为热源，因此风味较佳。第三种为红外电热烤炉，比较先进，炉温、烤制时间、旋转方式均可设定控制，操作方便，节省人力，生产效率高，但投资较大，成品风味不如前面两种暗烤炉。

暗炉烧烤法应用较多，它的优点是花费人工少，对环境污染少，一次烧烤的量比较多，但火候不是十分均匀，成品质量比不上明炉烧烤法。

三、熏烤肉制品的加工设备

1. 烟熏肉制品的加工设备

根据操作方式和自动化程度的不同，烟熏设备可分为烟熏土炉、半自动烟熏炉和全自动烟熏炉。

熏烤肉制品生产与控制 2

（1）烟熏土炉。这是直接发烟进行烟熏的传统典型设备，比较落后，但在我国东北地区生产哈尔滨红肠的一些中小企业中仍有使用。

土熏炉的优点是建造成本比较低廉，容易掌握控制，对适应的产品能达到良好的烟熏效果，管理费用低，可以更方便地用白糖协助发色。具体方法是在发烟的堆上放一个锅，里边撒上适量白砂糖，木材燃烧发热即对白砂糖加热产烟。土炉的主要缺点和存在的问题是室内温差较大，烟气循环不良，制品烟熏不均匀，烟熏材料利用率低，生产能力小，容易对产品造成二次污染等。

使用土炉应该注意以下两点：①肉制品要与柴堆保持一定高度，一般为 30～50cm，以免木柴着火，烤焦肉食；②要经常对肉制品进行倒架换位，以保证温度和颜色均匀一致。

（2）半自动烟熏炉。我国制造和使用半自动烟熏炉多在 20 世纪 80 年代后期和 90 年代初期，现在基本被淘汰，只有很少的厂家仍在使用。半自动烟熏炉与全自动烟熏炉的区别在于控制部分，前者是继电器控制，后者是可编程控制器（programmable logic controller，PLC）控制，但都可以预置烟熏程序。其他部分没有明显区别，如图9-1所示。

（3）全自动烟熏炉。全自动烟熏炉是目前最先进的肉制品烟熏设备。其除具有干燥、烟熏、蒸煮的主要功能外，还具有自动喷淋、自动清洗的功能，适合于所有烟熏或不烟熏肉制品的干燥、烟熏和蒸煮工序。室外壁设有PLC电气控制板，用以控制烟熏浓度、烟熏速度、相对湿度、室温、物料中心温度及操作时间，并装有各种显示仪表。全自动烟熏炉的外观如图9-2所示。

图9-1　半自动烟熏炉的外观　　　　　　图9-2　全自动烟熏炉的外观

全自动烟熏炉按照容量可分为一门一车、一门两车、两门四车等型号，也可以前后开门。前门供装生料使用，朝向灌肠车间，后门供冷却、包装使用，朝向冷却和包装间。这样生熟分开，有利于保证肉制品卫生。

2. 烧烤肉制品的加工设备

1）按烤炉热源分类

根据热源的不同，烤炉可分为炭火炉、煤气炉和电炉等。

（1）炭火炉。以炭为燃料的烤炉称为炭火炉。它也有各种类型，这种烤炉结构简单、操作安全，且燃料较便宜，容易获得。使用时，将生鲜肉品经腌制或不经腌制，直接置于炭火上烤制。其缺点是卫生条件较差，工人劳动强度大，而且炉温调节比较困难，不宜进行食品工业化生产。

（2）煤气炉。其温度调节比煤炉容易，在高温区可以多安装一些喷头，在低温区少安装一些喷头，若局部过热，还可以关闭相应的喷头。煤气炉较煤炉的外形尺寸小得多，并可减少热量损失，改善工人劳动条件。

（3）电炉。电炉是指以电为热源的烤炉。根据辐射波长的不同，电炉又分为普通电烤炉、远红外电烤炉和微波炉等。电炉的优点是结构紧凑、占地面积小、操作方便、便于控制、生产效率高、烘烤质量好等。其中以远红外电烤炉最为突出，它利用远红外的特点，提高了热效率，节约电能，在大、中、小食品厂都得到广泛应用。

2）按结构形式分类

根据结构形式的不同，烤炉可分为烤盘固定式箱式炉、风车炉、水平旋转炉和隧道炉。

（1）烤盘固定式箱式炉。炉膛内壁上安装若干层支架，用以支撑烤盘，辐射元件与烤盘相间布置，在整个烘烤过程中，烤盘中的食品与辐射元件间没有相对运动。这种烤炉属间歇操作，所以产量小。它比较适用于中、小型食品厂烘烤各类食品。

（2）风车炉。因烘室内有一个形状类似风车的转篮装置而得名。这种烤炉多采用无烟煤、焦炭、煤气等为热源，也可采用远红外加热技术。其中以煤为燃料的风车炉，其燃烧室多数位于烘室的下面。因为燃料在烘室内燃烧，热量直接通过辐射和对流烘烤食品，所以热效率很高。风车炉还具有占地面积小、结构比较简单、产量较大的优点。缺点是手工装卸食品，操作紧张，劳动强度较大，如图9-3所示。

（3）水平旋转炉。水平旋转炉内设有一个水平布置的回转烤盘支架，摆有生坯的烤盘放在回转支架上。烘焙时，由于食品在炉内回转，各面坯间温差很小，所以烘焙均匀，生产能力较大。其缺点是手工装卸食品，劳动强度较大，且炉体较笨重，如图9-4所示。

图9-3　风车炉

图9-4　水平旋转炉

（4）隧道炉。隧道炉是指炉体很长，烘室为一狭长的隧道，在烘烤过程中食品与加热元件之间有相对运动的烤炉。因食品在炉内运动，好像通过长长的隧道，所以称为隧道炉。隧道炉根据带动食品在炉内运动的传动装置不同，可分为钢带隧道炉、网带隧道炉、烤盘链条隧道炉和手推烤盘隧道炉等。

四、熏烤肉制品的质量控制及评价要点

1. 烟熏工艺的质量控制

1）烟熏的作用

烟熏的作用包括：①赋予制品特殊的烟熏风味，增加香味；②使制品外观具有特有的烟熏色，对加硝肉制品具有促进发色作用；③脱水干燥，杀菌消毒，防止腐败变质，使肉制品耐储藏；④烟气成分渗入肉内部，防止脂肪氧化。

（1）呈味作用。烟气中的许多有机化合物附着在制品上，赋予制品特有的烟熏香味，

如有机酸（甲酸和乙酸）、醛、醇、脂、酚类等，特别是酚类中的愈疮木酚和 4-甲基愈疮木酚是最重要的风味物质，香气最强。另外，烟熏的加热促进微生物或酶蛋白及脂肪的分解，通过生成氨基酸和低分子肽、碳酰化合物、脂肪酸等，使肉制品产生独特风味。将木材干馏时得到的木馏油进行精制处理后得到一种木醋液，用在熏制上也能取得良好的风味。

（2）发色作用。烟熏和蒸煮（加热）常常相辅并进，这时在热的影响下，有利于形成稳定的腌肉色泽。此外，烟熏还将促使许多肉制品表面形成棕褐色。

熏烟成分中的羰基化合物可以和肉蛋白质或其他含氮物中的游离氨基发生美拉德反应。熏烟加热促进硝酸盐还原菌增殖及蛋白质的热变性，游离出半胱氨酸，从而促进一氧化氮血素原形成稳定的颜色；受热时有脂肪外渗，起到润色作用。

（3）杀菌作用。熏烟中的有机酸、醛和酚类杀菌作用较强。有机酸可与肉中的氨、胺等碱性物质中和，其本身的酸性使肉酸性增强，从而抵制腐败菌的生长繁殖。

（4）抗氧化作用。熏烟中许多成分具有抗氧化作用，故能防止酸败。最强的是酚类，其中以邻苯二酚、邻苯三酚及其衍生物作用尤为显著。实验表明，熏制品在 15℃下放置 30d，过氧化值无变化，而未经过烟熏的肉制品过氧化值增加 8 倍。

2）影响烟熏制品质量的因素

熏制时，烟熏条件对产品有很大影响。由于受烟熏条件的影响，制品的品质有所不同，要生产优质的产品，就要充分考虑各种因素和生产条件。

（1）前处理。前处理过程的主要目的是保证所有将要加工的产品在烟熏、蒸煮前产品表面状况的一致性。此过程建议采用以下两种程序来实现。

① 喷淋。利用净化水喷淋 2～5min，干球温度 43℃/湿球温度 38℃（相对湿度为 68%～70%），时间为 10～15min。

② 干燥。干燥的主要目的是保证表面干燥程度的一致性，防止表面水分含量过高影响烟熏效果，从而使产品在烟熏时，表面达到均一烟熏色泽，另外也可以促进产品的发色。如果需要较深的烟熏色泽，要缩短干燥的时间，即提前进入烟熏程序。但是干燥时间不足，产品表面的水分太大，还会导致产品呈深棕色甚至是黑色，反将使产品在熏制过程产生的色泽降低。

（2）烟熏条件。最好选择树脂含量少、烟味好，而且防腐物质含量多的烟熏材料。树脂含量多的材料易产生黑烟，使制品发黑，而且由于含有很多萜烯类成分，烟味也不好，故一般多选用树脂含量较少的硬木或其锯末、木梢作为烟熏材料。实际使用的硬木种类，根据地区不尽相同。一般均选用椴木、榆木、柞木、柏木、橡子木、山核桃木、山毛榉木、白桦杨木等。杉木、松木等软木树脂含量较多，燃烧时产生大量黑烟，使烟熏制品表面变黑，影响产品质量，一般不作为烟熏材料使用。木材加工厂送来的废木料往往混有这类材料，所以使用时一定要注意。

烟熏材料并不是一定要使用木材，稻壳、玉米秆、高粱秆、豆秆等也是很好的烟熏材料。

　　影响肉制品烟熏效果的因素很多，主要包括：①产品的表面湿度；②烟熏炉的温度；③炉内空气的相对湿度；④炉内空气的气流速度；⑤发烟器的生烟温度等。

　　（3）熟制。熟制过程在烟熏炉内一般包括干燥、蒸煮、烘烤等程序，以使产品达到所需的中心温度。熟制时的干球温度为70～94℃，湿球温度设定为68～84℃。

　　此外，还有许多因素与制品质量有关，如加热温度和制品水分的关系、加热温度和制品质量的关系、加热空气的方向和烟熏食品质量的关系、加热程度和制品pH的关系等。

　　（4）烟气成分的进入改善制品风味。熏制烟气成分的进入，提高了熏制品的储藏性，赋予了制品特殊的熏香气味，改善了产品外观特征。酚类、醛类、甲苯酚、愈创木酚及有机酸类等增加了熏香气味。熏烟中的醛类，特别是甲醛的蓄积，具有很强的杀菌作用，从而增加了产品的储藏性。同时随着熏制时间的延长，进入制品中的醛类明显增加，改善了制品的香气，且制品随着熏制时间的延长，甲醛含量也逐渐增加，如表9-1所示。熏制品对油脂具有显著的抗氧化作用，这是区别于其他加工制品的一个重要特点。烟气中含有的抗氧化物质主要是酚类及其衍生物。

表9-1　随烟熏时间的延长肉中甲醛的含量　　　　　　　　　　　　　单位：mg/kg

熏制时间	没有烟熏产品	熏制2h	熏制4h	熏制6h
甲醛含量	1.72	2.3	3.22	4.28

　　影响烟熏成分渗透的因素是多方面的，主要包括烟熏的时间、温度、熏材的种类、肉的组织状态。熏制的时间越长，温度越高，烟气的浸透量越大，水分减少越多，对产品的色泽、风味改善也越大。

　　（5）烟熏成分对人体健康的影响。实验表明，在实验用兔子耳朵上长期涂抹煤焦油，结果出现了癌细胞。接着又发现在长期大量摄取熏制鱼类人群中易发生患胃癌和肠癌的病例事实。烟熏生成的木焦油，被认为是引起癌症的危险物质之一。熏材温度保持在350℃以下，对减少制品中产生致癌物和其他有害物质有重大意义。

　　3）熏烟的成分和作用

　　熏烟是由蒸汽、气体、液体（树脂）和微粒固体组合而成的混合物，熏制的实质就是制品吸收木材分解产物的过程，因此木材的分解产物是烟熏作用的关键。

　　熏烟的成分很复杂，现已从木材发生的熏烟中分离出来200多种化合物，其中常见的化合物为酚类、醇类、羰基类化合物、有机酸和烃类等，但这并不意味着烟熏肉中存在所有化合物。有实验证明，对熏制品起作用的主要是酚类和羰基化合物。熏烟的成分常因燃烧温度与时间、燃烧室的条件、形成化合物的氧化变化及其他许多因素的变化有差异。

　　4）熏烟中有害成分的控制

　　烟熏法具有杀菌防腐、抗氧化及增进食品色、香、味品质的优点，因而在食品尤其是肉类、鱼类食品中广泛采用。但如果采用的工艺技术不当，烟熏法会使烟气中的有害成分（特别是致癌成分）污染食品，危害人体健康。传统烟熏方法中多环芳香族类化合物易沉积或吸附在腌肉制品表面，其中3,4-苯并芘及二苯并蒽是两种强致癌物质。此外，熏烟还可以通过直接或间接作用促进亚硝胺形成。因此,必须采取措施减少熏烟中有害成分的产生及对制品的污染,以确保制品的食用安全。

(1)控制温度。控制温度在一定程度上可以减少苯并芘的生成。因为苯并芘的生成需要有较高的温度,所以要适当控制烟熏室供氧量,让木屑缓慢燃烧,降低火势。

根据对熏室条件下焖烧木屑的测定,燃烧处温度接近500℃,生烟处的温度约400℃,一般认为理想温度以340~350℃为宜。

(2)采用适当的烟熏方法,减少制品中多环芳香族化合物的含量。

① 湿烟法。用机械的方法将高热的水蒸气和空气混合物强行通过木屑,使木屑产生烟雾,并把它引进熏室,同样能产生烟熏风味,来达到熏制目的,而又不会产生苯并芘污染制品。

② 隔离保护法。由于苯并芘分子比烟分中其他物质的分子大得多,并且它大部分附着在固体微粒上,所以可采用过滤的方法,选择只让小分子物质穿过而不让苯并芘穿过的材料,这样既能达到熏制的目的,又能减少苯并芘的污染。例如,各种动物肠衣和人造纤维肠衣对苯并芘均有不同程度的阻隔作用。

③ 外室生烟法。为了把熏烟中的苯并芘尽可能除去或减少其含量,还可采用熏室和生烟室分开的办法,即在把熏烟引入烟熏室前,用棉花或淋雨等方法进行过滤,然后把熏烟通过管道送入熏室,这样可以大大降低苯并芘含量。

④ 液熏法。一些先进国家致力于用人工配制的烟熏液涂于制品表面,再渗透到内部来达到烟熏风味的目的,这种人工配制的烟熏液经过特殊加工提炼,除去了有害物质。

2. 烤制工艺的质量控制

1)烤制对肉制品的影响

(1)烤制使蛋白质发生变化。加热会引起蛋白质的变性,影响肉制品的硬度。一般来讲,肉制品经水煮之后蛋白质会凝固变性。经烤制之后蛋白质也要发生各种变化,最明显的变化是针刺硬度的增加。

(2)烤制使产品质量减小。在烤制品过程中另一重大的变化是产品质量减小,储藏性增高,使产品的出品率降低。所以在烤制时如何减小质量损失对生产者来说是非常重要的。质量减小的主要原因是温度,温度越高,质量减小的速度越快。肉制品内部水分的转移受到很多因素的影响,如原料肉的肥瘦比,脂肪比例越大,则损耗越小。

2)烤制对肉制品质量的控制

(1)烤制温度。烤制温度是形成产品烧烤味最主要的因素,同时也赋予产品诱人的褐色。对于2kg左右的烤鸡来说,在200℃下烤制时间约需40min,出品率在75%左右。对于烤制时间比较长的产品,使用旋转型烤炉比较合适,而对于烤制时间较短的产品,使用冲击式烤炉比较合适。烤炉的温度一般控制在180℃以上,长时间的高温作用可杀灭产品中的微生物。

当然烤制温度也不是越高越好,过高的烤制温度会产生对人体有害的物质,其中以

3,4-苯并芘危害最大。在烤制过程中，煤气的不完全燃烧，或者局部温度很高及使用加热材料不同或加工工艺不合理均可产生不同数量的苯并芘。人和动物摄入含 3,4-苯并芘的肉制品易导致肿瘤和癌变，从而对健康造成潜在的威胁。烤制时所用燃料不同，制品中苯并芘含量也不同。柴炉加工苯并芘的含量最高，煤炉次之，电炉最少。以烤羊肉为例，如油滴着火，其苯并芘含量为 4.7～95.5μg/kg，平均为 31.0μg/kg，而不着火者仅为 0.5～8.4μg/kg，平均为 3.9 μg/kg。

（2）烤制时间。烤制时间比较难把握，应根据所烤制产品的大小不同，适当增减时间，以防止产品烤后产生不熟或过加热的现象。较好的解决方法就是在烤制之前区分大小不等的原料，将大小相同的产品放在一起烤制。

（3）相对湿度。在烤制时要注意相对湿度对产品的影响，较好的烤炉可以通过密封和排气装置形成一个好的相对湿度环境。这样产品在烤制时其中的水分就不会过度丢失，也不会对产品的组织状态、口感及最终出品率造成影响。

（4）空气流向和流速。烤炉内的空气流向和流速主要影响产品加热的均匀性，其流向和流速由风机进行控制。小型烤炉通常不设风机，而是将产品在炉体内进行旋转。

总之，产品烤制质量主要取决于烤制温度、烤制时间、相对湿度、空气流速和流向，另外不同的产品工艺及配料也对烤制后的效果有影响。

五、几种熏烤肉制品的加工

1. 沟帮子熏鸡

沟帮子是辽宁省的一座集镇，以盛产味道鲜美的熏鸡而闻名北方地区。沟帮子熏鸡很受北方人的欢迎。

1）工艺流程

原料选择→宰杀、整形→投料打沫→煮制→熏制→涂油→成品。

2）原料、辅料

鸡 400 只、食盐 10kg、白糖 2kg、味精 200g、香油 1kg、胡椒粉 50g、香辣粉 50g、五香粉 50g、丁香 150g、桂皮 150g、砂仁 50g、肉豆蔻 50g、砂姜 50g、白芷 150g、陈皮 150g、草果 150g、鲜姜 250g。

以上辅料是有老汤情况下的用量，如无老汤，则应将以上辅料的用量增加一倍。

3）加工工艺

（1）原料选择。选用一年内的健康活鸡，公鸡优于母鸡，因母鸡脂肪多，成品油腻，影响质量。

（2）宰杀、整形。颈部放血，烫毛后煺净毛，腹下开腔，取出内脏，用清水冲洗并沥干水分。然后用木棍将鸡的两大腿骨打折，用剪刀将膛内胸骨两侧的软骨剪断，最后把鸡腿盘入腹腔，头部拉到左翅下。

（3）投料打沫。先将老汤煮沸，盛起适量沸汤浸泡新添辅料约 1h，然后将辅料与汤液一起倒入沸腾的老汤锅内，继续煮沸约 5min，捞出辅料，并将上面浮起的沫子撇除干净。

（4）煮制。把处理好的白条鸡放入锅内，使汤水浸没鸡体，用大火煮沸后改小火慢煮。煮到半熟时加食盐，一般老鸡要煮制 2h 左右，嫩鸡则 1h 左右即可出锅。煮制过程中勤翻动，出锅前，要始终保持微沸状态，切忌停火捞鸡。

（5）熏制。出锅后趁热在鸡体上刷一层香油，放在铁丝网上，下面架有铁锅，铁锅内装有白糖与锯末（白糖与锯末的比例为 3∶1），然后点火干烧锅底，使其发烟，盖上盖经 15min 左右，鸡皮呈红黄色即可出锅。

（6）涂油。熏好的鸡还要抹上一层香油，即为成品。

4）质量标准

成品枣红色，色泽发亮，肉质细嫩，熏香浓郁，味美爽口，风味独特。

2. 培根加工

培根的原意是烟熏肋条肉（即方肉）或烟熏咸背脊肉。其风味除带有适口的咸味外，还具有浓郁的烟熏香味。培根外皮油润，呈金黄色，皮质坚硬，瘦肉呈深棕色，切开后肉色鲜艳。培根有大培根（也称丹麦式培根）、排培根、奶培根 3 种，制作工艺相近。

1）工艺流程

原料选择→剔骨→整形→腌制→浸泡、清洗→再整形→烟熏→保藏。

2）原料、辅料

原料猪肉 100kg、盐 8kg、硝酸钠 50g。

（1）盐硝的配制：盐 4kg、硝酸钠 25g，将硝酸钠溶于少量水中制成液体，再加盐拌和均匀即为盐硝。

（2）盐卤的配制：盐 4kg、硝酸钠 25g，将盐、硝倒入缸中，加入适量清水，用木棒不断搅拌，至盐卤浓度为 15° Bé。

3）加工工艺

（1）原料选择。选择经兽医卫生检疫检验合格的中等肥度猪，经屠宰后吊挂预冷。

① 大培根原料：取自猪的白条肉中段，即前始于第三、四根肋内，后止于荐椎骨的中间部分，割去奶脯，保留大排，带皮。

② 排培根原料：取自猪的大排，有带皮、无皮两种，去硬骨。

③ 奶培根原料：取自猪的方肉，即去掉大排的肋条肉，有带皮、无皮两种，去硬骨。

④ 膘厚标准：大培根最厚处以 3.5～4.0cm 为宜；排培根最厚处以 2.5～3.0cm 为宜；奶培根最厚处约 2.5cm。

（2）剔骨。做到骨上不带肉，肉中无碎骨，肋骨脱离肉体。

（3）整形。经整形后，每块长方形原料肉的质量，大培根要求 8～11kg，排培根要求 2.5～4.5kg，奶培根要求 2.5～5kg。

（4）腌制。

① 干腌：将配制好的盐硝敷于坯料上，并轻轻搓擦，坯料表面必须无遗漏地搓擦均匀，待盐粒与肉中水分结合开始溶解时，将坯料逐块抖落盐粒。装缸置冷库（0～4℃）内腌制 20～24h。

② 湿腌：缸内先倒入盐卤少许，然后将坯料一层一层叠入缸内，每叠 2～3 层，须再加入盐卤少许，直至装满。最后一层皮向上。用石块或其他重物压于肉上，加盐卤至淹没肉的顶层为止，所加盐卤总量和坯料质量约为 1∶3。因干腌后的坯料中带有盐料，入缸后盐卤浓度会增高，如浓度超过 16°Bé，需用水冲淡。在湿腌过程中，须每隔 2～3d 翻缸一次，湿腌期一般为 6～7d。

（5）浸泡、清洗。将腌好的肉坯浸泡 30min，如腌制后的坯料咸味过重，可适当延长浸泡时间。夏天用冷水，冬天用温水，可以割取瘦肉一小块，用舌尝味，也可煮熟后尝味评定。

（6）再整形。把不成直线的肉边修割整齐，刮去皮上的残毛和油污。然后在坯料靠近胸骨的一端距离边缘 2cm 处刺 3 个小孔，穿上线绳，串挂于木棒或竹竿上，每棒 4～5 块，块与块之间保持一定距离，沥干水分，6～8h 后即可进行烟熏。

（7）烟熏。用硬质木先预热烟熏室。待室内平均温度升至所需烟熏温度后，加入木屑，挂进肉坯。烟熏室温度一般保持在 60～70℃，烟熏时间约 10h，待坯料肉皮呈金黄色，表面烟熏完成，自然冷却即为成品，出品率约 83%。

（8）保藏。宜用白蜡纸或薄尼龙袋包装。若不包装，吊挂或平摊，一般可保存 1～2 个月，夏天 1 周。

4）质量标准

（1）感官指标：无黏液、无霉点、无异味、无酸败味。

① 大培根：成品为金黄色，割开瘦肉后色泽鲜艳，每块重 7～10kg。

② 奶培根：成品为金黄色，无硬骨，刀工整齐，不焦苦，带皮每块重 2～4.5kg，无皮每块重不低于 1.5kg。

③ 排培根：成品为金黄色，带皮无硬骨，刀工整齐，不焦苦，每块重 2～4kg。

（2）理化指标：如表 9-2 所示。

表 9-2 培根理化指标

项目	指标
过氧化值 （以脂肪计）/（g/100g）	≤0.50
酸价 （以脂肪计，KOH）/（mg/g）	≤4.0
苯并芘含量/（g/kg）	≤5
铅（Pb）含量/（mg/kg）	≤0.2
无机砷含量/（mg/kg）	≤0.05
亚硝酸盐（以 NaNO$_2$ 计）含量/（mg/kg）	≤30

3. 广东脆皮乳猪

广东脆皮乳猪是广东的传统风味佳肴，据说乾隆年间，烤乳猪就已很盛行。其由于很有特色，深受广大消费者的欢迎。

1）工艺流程

原料选择→屠宰与整理→腌制→烫皮、挂糖色→烤制→成品。

2）原料、辅料

乳猪1头（5~6kg）、食盐50g、白糖150g、白酒5g、芝麻酱25g、干酱25g，植物油、麦芽糖适量。

3）加工工艺

（1）原料选择。选用5~6kg重的健康有膘乳猪，要求皮薄肉嫩，全身无伤痕。

（2）屠宰与整理。放血后，用65℃左右的热水浸烫，注意翻动，取出迅速刮净毛，用清水冲洗干净。从腹中线用刀剖开胸腹腔和颈肉，取出全部内脏器官，将头骨和脊骨劈开。切莫劈开皮肤，取出脊髓和猪脑，剔出第二、三条胸部肋骨和肩胛骨，用刀划开肉层较厚的部位，便于配料渗入。

（3）腌制。除麦芽糖之外，将所有辅料混合后，均匀地涂擦在体腔内，腌制时间夏天约30min，冬天可延长到1~2h。

（4）烫皮、挂糖色。腌好的猪坯，用特制的长铁叉从后腿穿过前腿到嘴角，把其吊起沥干水。然后用80℃热水浇淋在猪皮上，直到皮肤收缩。待晾干水分后，将麦芽糖水（1份麦芽糖加5份水）均匀刷在皮面上，最后挂在通风处待烤。

（5）烤制。烤制有两种方法，一种是用明炉烤制，另一种是用挂炉烤制。

① 明炉烤制。铁制长方形烤炉，用木炭把炉膛烧红，将叉好的乳猪置于炉上，先烤体腔肉面，约烤20min后，反转烤皮面，烤30~40min。当皮面色泽开始转黄和变硬时取出，用针板扎孔，再刷上一层植物油（最好是生茶油），而后放入炉中烘烤30~50min，当烤到皮脆、皮色变成金黄色或枣红色时即为成品。整个烤制过程不宜用大火。

② 挂炉烤制。将烫皮和已涂麦芽糖晾干后的猪坯挂入加温的烤炉内，约烤制40min，猪皮开始转色时，将猪坯移出炉外扎针、刷油，再挂入炉内烤制40~60min，至皮呈红黄色而且脆时即可出炉。烤制时炉温需控制在160~200℃。挂炉烤制火候不是十分均匀，成品质量不如明炉。

4）质量标准

合格的脆皮乳猪，体形表观完好，皮色为金黄色或枣红色，皮脆肉嫩，松软爽口，香甜味美，咸淡适中。

4. 广东叉烧肉

广东叉烧肉是广东各地最普遍的烤肉制品，也是群众喜爱的烧烤制品之一。按照选料的不同，其有枚叉、上叉、花叉和斗叉等品种。

1）工艺流程

原料选择与整理→腌制→上铁叉→烤制→上麦芽糖→成品。

2）原料、辅料

鲜猪肉 50kg、精盐 2kg、白糖 6.5kg、酱油 5kg、50 度白酒 2kg、五香粉 250g、桂皮粉 350g，味精、葱、姜、色素、麦芽糖适量。

3）加工工艺

（1）原料选择与整理。枚叉采用全瘦猪肉；上叉用去皮的前、后腿肉；花叉用去皮的五花肉；斗叉用去皮的颈部肉。将肉洗净并沥干水，然后切成长 40cm、宽 4cm、厚 1.5～2cm 的肉条。

（2）腌制。切好的肉条放入盆内，加入全部辅料并与肉拌匀，将肉不断翻动，使辅料均匀渗入肉内，腌浸 1～2h。

（3）上铁叉。将肉条穿上特制的倒丁字形铁叉（每条铁叉穿 8～10 条肉），肉条之间须间隔一定空隙，以使制品受热均匀。

（4）烤制。把炉温升至 180～220℃，将肉条挂入炉内进行烤制。烤制 35～45min，制品呈酱红色即可出炉。

（5）上麦芽糖。当叉烧出炉稍冷却后，在其表面刷上一层糖胶状的麦芽糖即为成品。麦芽糖使制品油光发亮，更美观，且增加适量甜味。

4）质量标准

成品色泽为酱红色，香润发亮，肉质美味可口，咸甜适宜。

5. 烤鸡

1）工艺流程

选料→屠宰与整形→腌制→上色→烤制→成品。

2）原料、辅料

肉鸡 100 只（150～180kg）、食盐 9kg、大茴香 20g、小茴香 20g、草果 30g、砂仁 15g、肉豆蔻 15g、丁香 3g、桂皮 90g、良姜 90g、陈皮 30g、白芷 30g、麦芽糖适量。

3）加工工艺

（1）选料。选用 8 周龄以内、体态丰满、肌肉发达、活重 1.5～1.8kg、健康的肉鸡为原料。

（2）屠宰与整形。采用颈部放血，60～65℃热水烫毛，煺毛后冲洗干净，腹下开膛取出内脏，斩去鸡爪，两翅按自然屈曲向背部反别。

（3）腌制。采用湿腌法。湿腌料配制方法如下：将香料用纱布包好放入锅中，加入清水 90kg，并放入食盐，煮沸 20～30min，冷却至室温即可。湿腌料可多次利用，但使用前要添加部分辅料。将鸡逐只放入湿腌料中，上面用重物压住，使鸡淹没在液面下，时间为 3～12h，气温低时间长些，反之则短，腌好后捞出沥干水分。

（4）上色。用铁钩把鸡体挂起，逐只浸没在烧沸的麦芽糖水［（水与糖的比例为（6：1）～（8：1）］中，浸烫 30s 左右，取出挂起晾干水分。还可在鸡体腔内装填姜 2～3 片、水发香菇 2 个，然后入炉烤制。

（5）烤制。现多用远红外线烤箱烤制，炉温恒定至 160～180℃，烤 45min 左右。最后升温至 220℃烤 5～10min。当鸡体表面呈枣红色时出炉即为成品。

4）质量标准

成品外观颜色均匀一致，呈枣红色或黄红色，有光泽，鸡体完整，肌肉切面紧密，压之无血水，肉质鲜嫩，香味浓郁。

任务
实施

北京烤鸭
的加工

北京烤鸭的加工

一、要点

（1）北京烤鸭的工艺流程和操作要点。
（2）北京填鸭（或光鸭）的选择、造型、烫皮、上色等工序。
（3）灌汤工序的规范操作与参数控制。
（4）烤制设备的使用和维护、烤制条件的选择和控制。

二、相关用品

冷藏柜、烤炉、打气筒、加热灶、台秤、案板、刀具、盆、鸭撑子、挑鸭杆、挂鸭杆。

三、材料与配方

北京填鸭（或光鸭）、麦芽糖水溶液（1 份麦芽糖 6 份水，在锅内熬成棕红色）。

四、工艺流程

原料选择→宰杀→洗膛、造型→烫皮→上糖色→晾皮→灌汤→烤制→成品。

五、操作要点

1. 原料选择

选用经过填肥的北京填鸭，以 50～60 日龄、活重 2.5～3kg 最为适宜，无条件的可选用重约 2kg 的光鸭代替。

2. 宰杀

将填鸭宰杀、烫毛、煺毛、清洗。

3. 洗腔、造型

首先剥离颈部食道周围的结缔组织，将食管打结，把气管拉断、取出，切掉鸭脚、鸭翅。然后伸直脖颈，把打气筒的气嘴从刀口部位捅入皮下脂肪和结缔组织之间，给鸭体充气至八九成满，拔出气嘴。接着在鸭右翅下割开一条 3～5cm 的呈月牙形的刀口，从刀口处拉出食管、气管及所有内脏。接着把鸭撑子（一根 7～8cm 长的秸秆或小木条）由刀口送入鸭腔内，竖直立起，下端放置在脊椎骨上，上端卡入胸骨与三叉骨，撑起鸭体。最后使水从刀口灌入腹腔，用手指插入肛门掏净残余的鸭肠，并使水从肛门流出。反复灌洗几次，即可净腔。

4. 烫皮

用鸭钩钩住鸭的胸脯上端 4～5cm 处的颈椎骨（右侧下钩，左侧穿出），提起鸭坯，用 100℃沸水淋浇，先浇刀口和四周皮肤，使之紧缩，严防从刀口跑气，再浇其他部位，一般 3 勺水即可使鸭体烫好。

烫皮的目的：①使表皮毛孔紧缩，烤制时减少从毛孔中流失脂肪；②使皮层蛋白质凝固，烤制后表皮酥脆；③使充气的皮层的气体尽量膨胀，表皮显出光亮，造型更加美观。

5. 上糖色

烫皮后，用麦芽糖水溶液浇淋全身。目的是使烤制后的鸭体呈枣红色，同时增加表皮的酥脆性，使其适口不腻。

6. 晾皮

将烫皮上糖色后的鸭坯挂在阴凉、通风的地方，使鸭皮干燥，烤制后增加表皮的酥脆性，保持胸脯不跑气下陷。一般春秋季节晾 2～4h，夏季晾 4～6h，冬季要适当延长时间。

7. 灌汤

制好的鸭坯在入炉之前，先用鸭堵塞（或用 6～8cm 秸秆）卡住肛门口，由鸭身的刀口处灌入 100℃沸水 70～100ml，称为灌汤。目的是强烈地蒸煮腹体腔内的肌肉、脂肪，促进快熟，即所谓"外烤里蒸"，使烤鸭达到外脆里嫩。

8. 烤制

（1）烤炉温度。烤鸭是否烤好，关键在于炉温，即火候。正常炉温应保持在 220～225℃。炉温过高，会造成鸭体两肩部发黑；炉温过低，会使鸭皮收缩，胸部塌陷。因此，炉温过高或过低都会影响烤鸭的质量和外形。

（2）烤制时间。烤制时间视鸭体大小和肥度而定。一般体重 1.5～2kg 的鸭坯，需在炉内烤制 30～50min。烤制时间过短，鸭坯烤不透；烤制时间过长，火候过大，易造成皮下脂肪流失过多，使皮下形成空洞，皮薄如纸，从而失去了烤鸭脆嫩的独特风味。鸭坯重、肥度大，烤制时间应相对长些。

（3）烤制方法。鸭坯进炉后，挂在炉膛内的前梁上，先烤右侧边，使高温空气较快进入腔内，促进腔膛内汤水汽化，达到里蒸。当鸭坯右侧呈橘黄色时，再转向左侧，直到两侧颜色相同为止。然后用烤鸭杆挑起鸭坯在火上反复烧烤几次，目的是使腿和下肢之间着色，烤 5～8min，再左右侧烤，使全身呈现橘黄色。最后送到炉的后梁，使鸭背朝向红火，继续烘烤 10～15min，至全身呈枣红色，皮层里面向外渗出白色油滴为止，即可出炉。

9. 成品

成品北京烤鸭色泽红润，鸭体丰满，表皮和皮下组织、脂肪组织混为一体，皮层变厚，皮质松脆，肉嫩鲜酥，肥而不腻，香气四溢。

六、注意事项

（1）鸭体充气要丰满，皮面不能破裂，打好气后不要用手碰触鸭体，只能拿住鸭翅、腿骨和颈。

（2）烫皮、上糖色时要用旺火，水要烧得滚开，先淋两肩，后淋两侧，均匀烫遍全身，使皮层蛋白质凝固，烤制后表皮酥脆，并使毛孔紧缩。

（3）晾鸭坯时要避免阳光直晒，也不要用高强度的灯照射，并随时观察鸭坯变化，如发现鸭皮溢油（出现油珠儿）要立即取下，挂入冷库保存。同时还要注意鸭体不能挤碰，以免破皮跑气，更不能让鸭体沾染油污。

（4）灌汤前因鸭坯经晾制后表皮已绷紧，所以肛门捅入堵塞的动作要准确、迅速，以免挤破鸭坯表皮。灌汤的鸭体在烤制时可达到外烤内蒸。制品成熟后外脆里嫩。

（5）在烤制进行当中，火力是关键。炉温过高、时间过长会使鸭坯烤成焦黑，皮上脂肪大量流失，皮如纸状，形如空洞；炉温过低、时间过短会使鸭皮收缩，胸脯下陷和烤不透，均影响烤鸭的质量和外形。另外，鸭坯大小和肥度与烤制时间也有密切关系，鸭坯大，肥度高，烤制时间长，反之则短。

（6）对于鸭子是否已经烤熟，除了掌握火力、时间、鸭身的颜色外，还可倒出鸭腔内的汤来观察。当倒出的汤呈粉红色时，说明鸭子七八成熟；当倒出的汤呈浅白色，清澈透明，并带有一定的油液和凝固的黑色血块时，说明鸭子是九十成熟。如果倒出的汤呈乳白色，油多汤少，说明鸭子烤过火了。

（7）烤鸭最好现制现食，久藏会变味失色，如要储存，冷库的温度宜控制在 3～5℃。烤鸭在冬季室温 10℃时，不用特殊设备可保存 7d，若有冷藏设备可保存稍久，不致变质。吃前短时间回炉烤制或用热油浇淋，仍能保持原有风味。食用时，片削鸭肉，第一刀先把前胸脯取下，切成丁香叶大的肉片，随后取右上脯和左上脯，各切 4~5 刀。然后掀开锁骨，用刀尖向着胸脯中线，靠胸骨右边剁一刀，使骨肉分离，便可以从右侧的上半部顺序往下片削，直到腿肉和尾部。左侧的工序同右侧。切削的要求是手要灵活，刀要呈斜坡，做到每片大小均匀，皮肉不分离，片片带皮。

七、质量控制

1. 感官指标

北京烤鸭皮色油亮、呈酱红色，肌肉切面无血水，脂肪滑而脆，烤香浓郁，油而不腻，无异味、无异臭。

2. 理化指标

烤鸭的理化指标如表 9-3 所示。

表 9-3　烤鸭的理化指标

项目	指标
复合磷酸盐（以 PO_4^{3-}）含量/（g/kg）	≤5.0
苯并（a）芘含量/（g/kg）	≤5.0
铅（Pb）含量/（mg/kg）	≤0.5
无机砷含量/（mg/kg）	≤0.05
镉（Cd）含量/（mg/kg）	≤0.1
总汞含量/（mg/kg）	≤0.05
亚硝酸盐（以 $NaNO_2$ 计）含量/（mg/kg）	≤30

3. 微生物指标

烤鸭的微生物指标如表 9-4 所示。

表 9-4　烤鸭的微生物指标

项目	指标
细菌总数/（CFU/g）	≤50000
大肠菌群/（个/100g）	≤90
致病菌（沙门菌、金黄色葡萄球菌、志贺菌）	不得检出

八、完成生产记录单

根据所学知识加工北京烤鸭，完成生产记录单（表 9-5）。

表 9-5　北京烤鸭的生产记录单

任务	生产记录			备注
生产方案的制订	原配方： 修改后配方：			
材料选择与处理	材料名称	质量	处理方法	
	所需设备及使用方法：			
宰杀	宰后烫毛温度和时间： 鸭体煺毛顺序： 清洗标准：			
洗膛、造型	洗膛水温： 洗膛方法： 净膛的标准： 填鸭食管、气管及所有内脏的处理方法： 鸭撑子的使用方法：			
烫皮	烫皮的目的： 鸭钩的使用方法： 浇淋的温度： 浇淋的顺序：			
上糖色	上糖色的目的： 上糖色时使用糖的品种： 上糖色的方法：			
晾皮	晾皮的温度和时间： 晾皮的环境要求： 晾皮的作用：			
灌汤、打色	灌汤部位： 灌汤用水温度： 灌汤用水使用量：			

续表

任务	生产记录	备注
灌汤、打色	灌汤的目的： 打色的方法： 打色的目的：	
烤制	烤炉温度： 烤制时间： 烤制方法： 出炉时机：	
包装	包装材料及规格： 标签内容：	
成品检验	感官指标检验及结果： 微生物指标检验及结果：	
产品展示、自评及交流	产品照片： 产品评价： 产品改进措施： 产品出品率： 成本核算：	

课后习题

一、填空题

1. 烟熏时烟气中香气最强的、最重要的风味物质是_____中的_____、_____。

2. 熏烟中许多成分具有_____作用，故能防止酸败，最强的是酚类，其中以邻苯二酚、邻苯三酚及其衍生物作用尤为显著。

3. 影响烟熏食品质量的因素包括_____、_____、_____、_____、_____。

4. 熏烟的成分常因_____与时间、燃烧室的条件、形成_____变化及其他许多因素的变化有差异。

5. 烤制对肉制品的影响有_____、_____。

二、单项选择题

1. 熏制是利用燃料不完全燃烧产生的烟气对肉品进行烟熏，温度一般控制在（　　）。
A. 10～30℃　　　　B. 30～60℃　　　　C. 60～70℃　　　　D. 70～80℃

2. 在熏烟的众多成分中，对制品的风味、香气并不起主要作用的是（　　）。

A. 酚类   B. 醇类   C. 羰基化合物   D. 有机酸类

3. 烟熏使许多肉制品表面形成棕褐色的原因是，熏烟成分中的（　　　）和肉中蛋白质的游离氨基发生美拉德反应。

A. 有机酸类   B. 羰基化合物   C. 醇类   D. 酚类

4. 在我国肉制品加工中用得最多的烟熏方法为（　　　）。

A. 冷熏法   B. 中温熏法   C. 高温熏法   D. 焙熏法

5. 烟熏后产品完全可达到熟制，但储藏性较差，而且脂肪熔化较多的方法是（　　　）。

A. 冷熏法   B. 中温熏法   C. 高温熏法   D. 焙熏法

6. 北京烤鸭加工时采用的烤制方法是（　　　）。

A. 明烤   B. 暗烤   C. 挂烤   D. 炉烤

7. 烤制北京烤鸭时，当倒出的汤呈浅白色，清澈透明，并带有一定的油液和凝固的黑色血块时，说明鸭子是（　　　）。

A. 没烤熟   B. 七八成熟   C. 九十成熟   D. 烤过火了

8. 烧烤前浇淋热水的目的是使皮层（　　　）发生变化，烤制时产生酥脆口感。

A. 蛋白质   B. 脂肪   C. 碳水化合物   D. 肌肉组织

9. 在北京烤鸭的烤制过程中，（　　　）是关键。

A. 火力   B. 时间   C. 鸭身颜色   D. 以上都不对

10. 烟熏按照温度来分，不包括（　　　）。

A. 冷熏   B. 温熏   C. 热熏   D. 液熏

三、多项选择题

1. 烟熏肉制品的特点是（　　　）。

A. 肉色鲜艳、棕褐色   B. 有特殊的烟熏味

C. 表面干燥   D. 储藏性好

2. 熏烟的成分很复杂，对熏制品起作用的主要是（　　　）。

A. 酚类   B. 醇类   C. 羰基化合物   D. 有机酸

3. 冷熏法主要用于（　　　）制品加工。

A. 酱卤肉类   B. 腌肉类   C. 灌肠肉类   D. 干肉制品类

4. 肉制品烤制使用的热源有（　　　）。

A. 甘蔗皮   B. 木炭

C. 无烟煤   D. 红外线电热装置

四、判断题

1. 腌制和烟熏经常紧密结合在一起，但烟熏肉不必预先腌制。   （　　　）

2. 从目前市场销售情况和消费者喜好看，烟熏以提高产品防腐性为主要目的。

                                    （　　　）

3. 高温法由于熏制的温度较高，产品完全可达到熟制，但产品储藏性较差，而且脂肪熔化较多，适合于瘦肉含量较高的制品。　　　　　　　　　　（　　　）

4. 烟熏肉制品具有特殊的烤香味，色泽诱人，皮脆肉嫩，肥而不腻，鲜香味美。
　　　　　　　　　　　　　　　　　　　　　　　　　　　　　　　　（　　　）

5. 肉类经烧烤产生的香味，是肉类中的蛋白质、糖、脂肪等物质在加热过程中，经过降解、氧化、脱水、脱氨等一系列变化所形成的。　　　　　　　　（　　　）

6. 暗烤一般适用于烤制少量制品或较小的制品。　　　　　　　　　（　　　）

7. 北京烤鸭采用明烤的方法进行烤制。　　　　　　　　　　　　　（　　　）

8. 判断鸭子是否已经烤熟，可通过倒出鸭腔内的汤来观察。如果倒出的汤呈乳白色，油多汤少，说明鸭子烤过火了。　　　　　　　　　　　　　　　　（　　　）

9. 烟熏温度越高越易上色。　　　　　　　　　　　　　　　　　　（　　　）

10. 焙熏的温度需达到 75℃ 以上。　　　　　　　　　　　　　　　（　　　）

五、名词解释

1. 暗烤　　2. 液熏法　　3. 熏烤肉制品　　4. 明烤

六、简答题

1. 简述烟熏的作用。

2. 烧烤的方法有哪几种？各有何优点？

3. 培根肉制品的主要特点有哪些？

4. 北京烤鸭加工中烫皮的作用是什么？

5. 北京烤鸭烤制前为何要灌汤？灌汤时有什么技术要求？

6. 如何判断北京烤鸭鸭体成熟与否？

七、论述题

1. 简述烟熏的设备。

2. 培根加工对原料选择有何要求？

参考答案

项目十 油炸肉制品生产技术

情境
导入

肯德基的香辣鸡翅、黄金鸡块、炸薯条等产品深受消费者喜爱，其以金黄的外表、酥脆的口感在快餐消费市场占有一定份额。这类产品属于油炸肉制品。有人说："这类产品不能经常食用，在制作过程中还可能产生致癌物质。"下面我们通过本项目的学习，正确理解油炸肉制品的营养价值，掌握其正确的加工方法，并能够加工一款质量合格的油炸肉制品。

任务 油炸鸡米花的加工

任务
要求

◎ 具体任务

根据教师提供的学习资料和网络教学资源，小组同学自学油炸肉制品的种类和产品特点、油炸肉制品加工的原理和常用加工方法及设备，在教师的指导下完成学习汇报 PPT。制订油炸鸡米花的加工方案，按照肉制品生产企业的规范操作，完成油炸鸡米花的加工。

◎ 任务准备

各组学生分别完成如下准备工作：

（1）根据教师提供的资料和网络教学资源，通过自学方式掌握油炸肉制品生产的基础知识。

（2）根据学习资料拟定汇报提纲。

（3）根据教师和同学的建议修改汇报提纲，制作汇报 PPT。

（4）按照汇报提纲进行学习汇报。

（5）根据油炸肉制品生产的基础知识，制订油炸鸡米花的加工方案。

（6）根据教师和同学的建议修改油炸鸡米花的加工方案。

（7）按照制订的油炸鸡米花的加工方案独立完成任务、填写生产记录单。

◎ 任务目标

（1）能够根据产品的特点，区分油炸肉制品的种类。

（2）能够根据油炸肉制品的种类特点，正确选用产品加工使用的原、辅材料。

（3）能够正确书写油炸肉制品的加工工艺流程。

（4）能够正确选择油炸肉制品的加工生产设备，明了设备的加工原理和操作方法。

（5）掌握油炸肉制品加工中各工序的操作要点。

（6）掌握油炸肉制品加工中各工序的质量控制方法。

（7）能够正确填写生产记录单。

知识准备

一、油炸基础知识

油炸是利用油脂在较高的温度下对肉食品进行热加工的过程。油炸制品在高温作用下可以快速致熟，最大限度地保持营养成分，赋予食品特有的油香味和金黄色泽，经高温杀菌可短时期储存。油炸工艺早期多应用在菜肴烹调方面，近年来则广泛应用在食品工业生产方面，作为肉制品加工方法之一。

1. 油炸基本原理

油炸时，食物表层水分迅速蒸发，形成硬壳和一定的孔隙，内部温度慢慢升高到100℃，表面发生焦糖化反应及蛋白质变性，产生颜色及油炸香味。硬壳对内部水蒸气的阻挡作用使之形成一定的蒸汽压，使食品快速熟化，使制品变为外焦里嫩。

2. 炸制用油

炸制用油要求使用熔点低、过氧化物值低的新鲜植物油。如使用不饱和脂肪酸含量较低的花生油、棕榈油，亚油酸含量低的葵花籽油，在油炸时可以得到较高的稳定性。未氢化的大豆油炸出的产品带有腥味，如果稍微氢化，去掉一些亚麻酸，则更易为消费者所接受。氢化的油脂可以长期反复地使用。我国目前炸制用油主要是豆油、菜籽油和葵花籽油。

3. 油炸温度

油炸温度简称油温，对产品酥脆效果影响较大。油温过低，不能达到熟制的效果，油温太高，会产生苯并芘等致癌物质，所以准确掌握油温进行油炸，是此类产品加工的关键。油温的比较如表 10-1 所示。

油炸温度的判断

表 10-1 油温的比较

名称	温度	油面情况	原料入油反应
温油	70～100℃	油面平静，无表烟	原料周围出现少量气泡，无响声
热油	110～170℃	微有青烟，油从四周向中间翻动，搅动时有微响	原料周围出现大量气泡，无爆炸声
旺油	180～220℃	有青烟，油面较平静，搅动时有响声	原料周围出现大量气泡，并带有轻微的爆炸声
沸油	230℃以上	全锅冒青烟	油面翻滚并有较剧烈的爆炸响声

4. 油炸方法

根据制品要求和质感、风味的不同，油炸方法可分为清炸、干炸、软炸、酥炸、松炸、卷包炸、脆炸和纸包炸等。

1）清炸

取质嫩的动物原料，经过加工，切成适合菜肴要求的块状，用精盐、葱、姜、水、料酒等喂底口，用急火高热油炸3次，即为清炸。例如，清炸鱼块、清炸猪肝，其成品外脆里嫩，清爽利落。

2）干炸

取动物肌肉，经过加工改刀切成段、块等形状，用调料入味加水、淀粉、鸡蛋、挂硬糊或上浆，于190～220℃的热油锅内炸熟，即为干炸。例如，干炸里脊，其成品干爽，味咸麻香，外脆里嫩，色泽红黄。

3）软炸

选用质嫩的猪里脊、鲜鱼肉、鲜虾等经细加工切成片、条，成型后上浆入味，蘸干粉面。把蛋清打成泡状后加淀粉、面粉调匀制成蛋白糊，将里脊条等拖蛋白糊，放入90～120℃的热油锅内炸熟装盘。菜肴色白，细腻松软，故称软炸。例如，软炸鱼条，其成品表面松软，质地细嫩，清淡，味咸麻香，色白微黄，美观。

4）酥炸

将动物性的原料，经刀技处理后，入味、蘸面粉、拖全蛋糊、蘸面包渣，放入150℃的热油内，炸至表面呈深黄色起酥，成品外松内软熟或细嫩，即为酥炸。例如，酥炸鱼排、香酥仔鸡。酥炸技术要求严格掌握火候和油温。

5）松炸

松炸是将原料去骨加工成片或块形，经入味蘸面粉挂上全蛋糊后，放入150～160℃，即五六成熟的油内，慢炸成熟的一种烹调方法。因菜肴表面金黄松酥，故称松炸。其成品膨松饱满，里嫩，味咸不腻。

6）卷包炸

卷包炸是把质嫩的动物性原料切成大片，入味后卷入各种调好口味的馅，包卷起来，根据要求有的拖上蛋粉糊，有的不拖蛋粉糊，放入150℃，即五成热油内炸制的一种烹调方法。其成品特点是外酥脆，里鲜嫩，色泽金黄，滋味咸鲜。应注意的是，成品凡需改刀者装盘要整齐，凡需拖糊者必须卷紧封住口，以免炸时散开。

7）脆炸

将整鸡、整鸭煺毛后，除去内脏洗净，再用沸水烧烫，使表面胶原蛋白遇热缩合绷紧，然后在表皮上挂一层含少许饴糖的淀粉水，经过晾坯后，放入200～210℃高热油锅内炸制，待主料呈红黄色时，将锅端离火口，直至主料在油内浸熟捞出，待油温升高到210℃时，投入主料炸表层，使鸡、鸭皮脆，肉嫩，故名脆炸。

8）纸包炸

将质地细嫩的猪里脊、鸡鸭脯、鲜虾等原料切成薄片、丝或细泥，喂底口上足浆，用糯米纸或玻璃纸等包成长方形，投入 80～100℃的温油，炸熟捞出，故名纸包炸。其成品形状美观，包内含鲜汁，质嫩不腻。

5．常用油炸技术

1）传统油炸工艺

在我国，食品加工厂长期以来对肉制品的油炸工艺大多采用燃煤或油的锅灶，少数采用钢板焊接的自制平底油炸锅。这些油炸装置一般配备了相应的滤油装置，对用过的油进行过滤。间歇式油炸锅是普遍使用的一种油炸设备，此类设备的油温可以进行准确控制。油炸过滤机可以利用真空抽吸原理，使高温炸油通过助滤剂和过滤纸，有效地滤除油中的悬浮微粒杂质，抑制酸价和过氧化值升高，延长油的使用期限及产品的保质期，明显改善产品外观、颜色，既提高了油炸肉制品的质量，又降低了成本。

在这类设备中全部油处于高温状态，很快氧化变质，黏度升高，颜色变成黑褐色，不能食用。积存在锅底的肉制品残渣，随着油使用时间的延长而增多，使油变得污浊。残渣附于油炸肉制品的表面，使产品表面质量劣化，严重影响消费者的健康。高温下长时间使用的油，会产生不饱和脂肪酸的过氧化物，直接妨碍机体对油脂和蛋白质的吸收，降低产品的营养价值。

为了克服上述缺点，设计了水油混合式深层油炸工艺。

2）水油混合式深层油炸工艺

此工艺是将油和水同时加入设备中，相对密度小的油占据容器的上半部，相对密度大的水则占据容器的下半部，在油层中部水平放置加热器加热。

在水油混合式深层油炸工艺中，由于电热管水平放置在锅体上部油层中，油炸肉制品处于上部油层中，食品残渣则沉入底部的水中，在一定程度上缓解了传统油炸工艺带来的问题。同时沉入下部的食品残渣可以过滤除去，且下层油温比上层油温低，因而油的氧化程度也可得到缓解。

采用此工艺油炸肉制品时，加热器对炸制肉制品的油层进行加热，同时，油水界面处设置的水平冷却器及强制循环风机对下层进行冷却，使下层温度控制在 55℃以下。炸制肉制品产生的食物残渣从高温炸制油层落下，积存于底部温度不高的水层中。同时，残渣中含的油经过水分离后返回油层，从而使所耗的油量几乎等于被肉制品吸收的油量，补充的油量也接近于肉制品吸收的油量，节油效果毋庸置疑。同时，在炸制过程中，油始终保持新鲜状况，所炸出的肉制品不但色、香、味俱佳，而且外观干净、漂亮。因此，水油混合式深层油炸工艺具有分区控温、自动过滤、洁净的优点。

6．油炸肉制品的工艺分析与质量控制

不同油炸制品，工艺有所不同。有些是先经炸制，再经煮制，如上海走油肉、走油猪头肉等；有些是经过调味后，直接炸制成形，如炸猪排、炸肉丸等；有些是经过煮制后，再炸制，如郑州红烧猪大肠、北京百魁烧羊肉等，称为红烧类油炸制品。

1）调味

清炸类油炸制品，一般先用各种调味料混匀后，将肉腌制和浸味。另外，还常在调味料中加入淀粉或用鸡蛋糊在肉类表面挂糊，使油炸时表面形成一层酥脆的壳膜。红烧类油炸制品一般是先将主料煮制，然后油炸。此类产品比清炸类制品需要更多的酱油。

2）炸制

油炸时，制品表面因脱水而硬化，出现壳膜层。油炸使表面的蛋白质和其他物质发生热解，产生具有油炸香味的挥发性物质。这个过程开始于150℃，并随温度的升高而加强，超过160℃时，该过程会加强到使食品质量急剧变坏的程度。当温度达到180℃时，则可能导致制品表面层的炭化。

在油炸的最初阶段，由于水分蒸发强烈，食品表层或深处的温度都不超过100℃。此表面形成干膜后，水分的蒸发受到阻碍，加上油脂温度的升高和热传导，食品深层的温度上升，并保持在102～105℃。深层含有大量的水分，可使内部胶原蛋白发生水解。炸肉时，结缔组织的胶原可被水解10%～20%。

油温和制品体积对成品质量有一定影响。高温炸制虽可缩短加工时间，但温度过高而肉块体积过大时，则会使产品外熟里生。低温炸制时，时间延长，产品则变得松软，表面不能形成硬膜，同时胶原的水解程度会有所增加。这样的炸制品如果再继续加工（如罐头的灭菌）就会变得过分软烂和松散。所以，大部分油炸制品的最适宜温度应控制在150～160℃的范围内。

在油炸过程中，肉类不断向高温油脂中释放水分，产生的水蒸气将油的挥发性氧化产物从体系中排放出去。被释放的水同时还起到搅拌油脂的作用，促使油脂水解。但油脂表面形成的水蒸气可减少油脂与氧的接触，因而对油脂起保护作用。油炸时肉类本身或肉类与油脂相互作用，均可产生挥发性物质，形成油炸制品的香味成分。肉类在高温油炸过程中，会对油脂产生一定的吸收。另外，肉类原料本身的内源脂类也不断进入油脂中，这两种油脂混合后的氧化稳定性与原来未经油炸的油脂不同。

3）油炸过程中化学变化对油脂和油炸食品的影响

油脂在油炸过程中的化学变化，对油脂和油炸食品的影响是多方面的。

（1）油脂品质变劣，营养价值降低。油脂在加热过程中水解，产生甘油和脂肪酸。如果脂肪酸是低级脂肪酸，如丁酸、正辛酸，这些酸有特殊的刺激性臭味，而油脂热氧化反应的产物（如醛、酮、醇、烃等）也有特殊的气味，会使油脂品质变劣，失去原有的气味。另外，油脂中所含的必需脂肪酸（如亚油酸、亚麻油酸）和脂溶性的维生素A、维生素E在高温下也会分解，受到不同程度的破坏。

（2）产生有毒物质。油脂经过长时间极度加热（200～280℃）产生的聚合物，如环聚化合物、己二烯环状化合物等都有较大的毒性。实验证明，用分离出的己二烯环状化合物，按5%、10%的比例添加到饲料中，大鼠有脂肪肝和肝肿大的现象出现；按20%

的比例添加到饲料中喂养大鼠，大鼠 3～4d 便死亡。热变质的毒性物质，不仅对身体各组织、内脏器官和代谢酶系有破坏作用，而且对动脉硬化有促发作用，对癌症有诱发作用。

（3）油脂老化（油脂的疲劳现象）。新鲜油脂在加热时，能在油炸物周围产生既大又圆的气泡，并能很快消失。一旦油炸物捞出，就不再起泡。而老化油脂产生的气泡既细小又不易消失。这种小泡持续的时间较久，又称为持续性起泡现象。这是因为热变油脂中含有氧化聚合物，导致油脂黏度增加，从而增加了气泡的稳定性。

（4）影响煎炸食品的品质。用新鲜油脂煎炸，食品色泽金黄、香气扑鼻、酥脆可口；用变质油脂炸制食品，则色泽深暗，并使食品带有苦涩性，且食品储藏性降低，富含蛋白质的肉类食品更为明显。

4）油脂的合理使用

合理地使用油脂旨在防止或减缓油脂的热变性，保持油脂的营养价值，减少毒物的产生，利于人体健康和加工出色、香、味、形俱佳的食品。因此，必须注意以下几点。

（1）油温。油炸过程中，油温的选择应利于保存营养物质，符合工艺要求。切不可为缩短加工时间、减少耗油量，而使用过高油温。

（2）油量及物料投放量。注意适当地添加新油。一般应保持油脂每小时有 10%左右的新油补充，同时有适量的旧油被循环出去。

（3）保持油锅内清洁。及时清除渣滓可减缓油脂热变质的速度。

（4）油炸设备。为减缓油脂氧化反应、聚合反应等不良反应的发生，应尽可能使用不锈钢油锅，避免使用铁、铜等设备。

5）油炸肉制品储藏中的酸败

油炸肉制品在储藏期间，因氧气、日光、微生物、酶等的作用，会发生酸败，产生不愉快的气味和苦涩味，甚至产生有毒物质。

（1）酸败的种类。按引起酸败的原因和酸败机制，油脂酸败可分为以下两种类型。

① 水解型酸败。含低级脂肪酸较多的油脂，其残渣中有酯酶或污染微生物所产生的酯酶。在酶的作用下，油脂水解成游离的低级脂肪酸，如丁酸、己酸、辛酸等，具有刺激性及难闻的气味。

② 氧化型酸败（油脂自动氧化）。油脂中不饱和脂肪酸暴露在空气中，容易发生自动氧化。氧化产物进一步分解成低级脂肪酸、醛和酮，产生恶臭味。油脂的自动氧化酸败是造成油炸肉制品酸败的主要原因。

（2）水解型酸败的控制。水解型酸败多数是由污染的微生物（如灰绿青霉等）产生的酶引起的，因此要求油炸所用的油脂要经过精制，降低杂质。此外，油炸制品要包装干净，避免污染，且要低温存放。

（3）氧化型酸败的控制。光和射线、氧、水分、催化剂、温度等都是导致油脂自动氧化酸败的因素。从紫外线到红外线之间的所有光照射都能促进自动氧化的发生，其中以紫外线最强。

油脂自动氧化的速度随大气中氧分压的增加而增大，氧分压达到一定值后，自动氧化速度便保持不变。

水分活度较高或较低时，酸败速度较快。实验证明，如果水分活度控制在 0.3～0.4，油炸制品氧化酸败最小。冷冻的油炸制品，其水分以冰晶形式析出，使脂质失去水膜的保护，故油脂仍然会发生酸败。

油脂自动氧化速度随温度升高而加快。温度不仅影响自动氧化速度，而且影响反应的机理。在常温下，氧化大多发生在与双键相邻的亚甲基上，生成氢过氧化物。但当温度超过 50℃时，氧化发生在不饱和脂肪酸的双键上，生成的氧化初级产物多是环状过氧化物。重金属离子是油脂氧化酸败的重要催化剂，能缩短诱导期和提高反应速度。

添加抗氧化剂能延缓或减慢油脂自动氧化的速度。几种抗氧化剂混合使用，比单用一种更为有效；加入一些螯合剂（如柠檬酸、磷酸盐等），将金属离子螯合固定，也可大大提高抗氧化剂的作用。

二、典型油炸肉制品的加工

1. 真空低温油炸牛肉干

真空低温油炸技术是现代高科技的成果。其工作原理是在减压状态下，利用植物油作热介质，实现在低温条件下对食品进行油炸。与常规油炸食品（油温约 200℃，甚至高达 250℃）不同，真空油炸食品是在 100℃左右的温油中脱水，因此食品保留了原有的鲜艳色泽和形状，各营养成分的损失也较少，且不破坏原有的纤维素。由于在减压状态下急剧脱水，物料中的气体汽化的水蒸气急速膨胀，所以制品具有多孔状的海绵结构，吃起来酥脆可口。低温油炸食品作为汤料极易复水，因而非常适合作为快餐方便食品应用。

1）工艺流程

原料验收→分割清洗→预煮、切条→后熟→冻结、解冻→低温真空油炸、脱油→质检、包装→成品入库。

2）原料辅料

（麻辣味）牛腿肉 100kg、盐 1.5kg、酱油 4.0kg、白糖 1.5kg、黄酒 0.5kg、葱 1.0kg、姜 0.5kg、味精 0.1kg、辣椒粉 2.0kg、花椒粉 0.3kg、白芝麻粉 0.3kg、五香粉 0.1kg。

3）加工工艺

（1）原料验收。原料肉必须有合格的宰前及宰后兽医检验证。肉质需新鲜，切面致密有弹性，无粘手感和腐败气味；原料肉需放血完全，无污物，无过多油脂。

（2）分割清洗。原料肉经验收合格后，分切成 500g 左右的肉块（切块需保持均匀，以利于预煮），用清水冲洗干净。分切过程中，注意剔除对产品质量有不良影响的伤肉、黑色素肉、碎骨等杂质。

（3）预煮、切条。将切好的肉块放入锅中，加水淹没，水肉之比约为 1.5∶1，以淹没肉块为度。煮制过程中注意撇去浮沫，预煮要求达到肉品中心无血水为止。预煮完后捞出冷却，切成条状，要求切割整齐。

（4）后熟。肉切成条后，放入配好的汤料中进行后熟。可根据产品的不同要求确定配方。

（5）冻结、解冻。煮好后的肉条取出装盘，沥干汤液，放入接触式冷冻机内冷冻。冷冻 2h 后取出，再置于 5～10℃的环境条件下解冻，然后送入带有筐式离心脱油装置的真空油炸罐内。

（6）低温真空油炸、脱油。将物料送入真空油炸罐内后，关闭罐门，检查密闭性。打开真空泵，将真空油炸罐内抽真空，然后向真空油炸罐内泵入 200kg、120℃的植物油，进行油炸处理。泵入油时间不超过 2min，然后使其在真空油炸罐和加热罐中循环，保持油温在 125℃左右，经过 25min 即可完成油炸全过程。之后将油从真空油炸罐中排出，将物料在 100r/min 的转速条件下离心脱油 2min，控制肉干含油率小于 13%，除去油炸罐真空，取出肉干。需要注意的是，油温是影响肉干脱水率、风味色泽及营养成分的重要因素，所以油温一定要控制好。温度过高，导致制品色泽发暗，甚至焦黑；温度过低，使物料吃油多，且油炸时间长，干制品不酥脆，有韧硬感。真空度与油温及油炸时间相互依赖，对油炸质量也有影响。

（7）质检、包装。油炸完成后即进行感官检测，然后进行包装。由于制品呈酥松多孔状结构，所以极易吸潮，因而包装环境的相对湿度应小于 40%。包装过程要求保证卫生清洁，操作要快捷。包装采用复合塑料袋包装。

4）质量标准

成品色泽棕红，咸甜适中，香味浓郁，无异味，块状整齐。

2. 炸乳鸽

炸乳鸽是广东的著名特产，成品为整只乳鸽。炸乳鸽营养丰富，是宴会上的名贵佳肴。

1）工艺流程

原料选择与整理→浸烫→挂蜜汁→淋油→成品。

2）原料辅料

乳鸽 10 只（共约 6kg）、食盐 0.5kg、清水 5kg、淀粉 50g、蜜糖适量。

3）加工工艺

（1）原料选择与整理。选用 2 月龄内、体重为 550～650g 的乳鸽。将乳鸽宰杀后去净毛，开腹取出内脏，洗净体内外并沥干水分。

（2）浸烫。取食盐和清水放入锅内煮沸，将鸽坯放入微开的盐水锅内浸烫至熟。捞出挂起，用布抹干乳鸽表皮和体内的水分。

（3）挂蜜汁。用 500g 水将淀粉和蜜糖调匀后，均匀涂在鸽体上，然后用铁钩挂起晾干。

（4）淋油。晾干后用旺油反复淋乳鸽全身至鸽皮色泽呈金黄色为止，然后沥油晾凉即为成品。

4）质量标准

成品皮色金黄，肉质松脆香酥，味鲜美，鸽体完整，皮不破不裂。

3. 油淋鸡

油淋鸡是一道广东的传统名菜，已有 100 多年的历史。它由挂炉烤鸭演变而来，根据挂炉烤鸭的原理，以旺油浇淋鸡体加热制熟，故而得名。

1）工艺流程

原料选择与整理→支撑、烫皮→打糖→烘干→油淋→成品。

2）原料辅料

母仔鸡 10 只（共 10～12kg），饴糖、植物油适量。

3）加工工艺

（1）原料选择与整理。选用当年的肥嫩母仔鸡，以体重在 1～1.2kg 为宜。宰杀去毛，从右腋下开口取内脏，从肘关节处切除翅尖，从跗关节处切除脚爪，洗净后晾干水。

（2）支撑、烫皮。取一根长约 6cm 的秸秆或竹片，从翼下开口处插入胸膛，将胸背撑起。投入沸水锅内，使鸡皮缩平，取出后，把鸡身抹干。

（3）打糖。将糖水质量比为 1：2 的饴糖水擦于鸡体表面，涂擦要均匀一致。

（4）烘干。将打糖后的鸡体用铁钩挂稳，然后用长约 5cm 的竹签分别将两翅撑开，用一根秸秆塞进肛门。送入烘房或烘箱悬挂烘烤，温度控制在 65℃左右，待鸡烘到表皮起褶皱时取出。

（5）油淋。将植物油加热至 190℃左右，左手持挂鸡铁钩将鸡提起，右手拿大勺，把鸡置于油锅上方，用勺舀油，反复淋烫鸡体，先淋烫胸部和后腿，再淋烫背部和头颈部，肉厚处多淋烫几勺油，淋烫 8～10min，等鸡皮金黄油亮时即可出锅。离锅后取下撑翅竹签和肛门内秸秆，若从肛门流出清水，表明鸡肉已熟透，即为成品；若流出浑浊水，表明尚未熟透，仍需继续淋烫，直至达到成品要求为止。

食用油淋鸡时，需调配佐料蘸着食。

4）质量标准

成品表面金黄，鸡体完整，腿皮不缩，有褶皱，无花斑，皮脆肉嫩，香酥鲜美。

4. 炸猪排

炸猪排选料严格，辅料考究，全国各地均有制作，是带有西式口味的肉制品。

1）工艺流程

原料选择与整理→腌制→上糊→油炸→成品。

2）原料辅料

猪排骨 50kg、食盐 750g、黄酒 1.5kg、白酱油 1～1.5kg、白糖 250～500g、味精 65g、

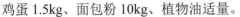

鸡蛋 1.5kg、面包粉 10kg、植物油适量。

　　3）加工工艺

　　（1）原料选择与整理。选用猪脊背大排骨，修去血污杂质，洗涤后按骨头的界线，一根骨一块，剁成 8～10cm 的小长条状。

　　（2）腌制。将除鸡蛋、面粉外的其他辅料放入容器内混合，把排骨倒入翻拌均匀，腌制 30～60min。

　　（3）上糊。用 2.5kg 清水把鸡蛋液和面包粉搅成糊状，将腌制过的排骨逐块地放入糊浆中裹布均匀。

　　（4）油炸。把油加热至 180～200℃，然后一块一块地将裹有糊浆的排骨投入油锅内炸制。炸制过程要经常用铁勺翻动，使排骨受热均匀。炸 10～12min，至黄褐色发脆时捞起，即为成品。

　　4）质量标准

　　成品外表呈黄褐色，内部呈浅褐色，块型大小均匀，挂糊厚薄均匀，外酥里嫩，不干硬，块与块不粘连，炸熟透，味美香甜，咸淡适口。

　　5. 纸包鸡

　　纸包鸡是用纸（糯米纸）包住腌渍好的鸡肉，用花生油烹炸而成的。由于能保持原汁，其味道鲜嫩，是宴席上的佳品。

　　1）工艺流程

　　原料选择→宰杀与整理→腌制→包纸→烹炸→成品。

　　2）原料辅料

　　鸡肉 500g、火腿肉 50g、食盐 12g、白酒 5g、酱油 10g、味精 3g、香菇 25g，小麻油、葱、姜及花生油等适量。

　　3）加工工艺

　　（1）原料选择。选用肉鸡或当年健康肥嫩的小母鸡作为原料。

　　（2）宰杀与整理。将活鸡宰杀，放净血，热水烫毛后煺净毛，取出所有内脏，把鸡体内外冲洗干净，晾挂沥干水分。然后去掉骨头，取鸡的胸肉或腿肉，切成小片，每片约重 15g。

　　（3）腌制。火腿肉和香菇切成丝状，将切好的鸡肉片和火腿、香菇放入盆中，加入其他辅料并拌匀，腌渍 10～15min。

　　（4）包纸。取 8～10cm 见方的糯米纸或玻璃纸铺在案板上，放入一块腌渍好的鸡肉和适量的调料，将纸包成长方形。

　　（5）烹炸。把包好的鸡块投入 150～170℃ 的花生油锅里炸 5min 左右，当纸包浮起略呈黄色时捞起，稍凉即为成品。打开纸包即可食用（糯米纸可食，不用拆包）。

　　4）质量标准

　　成品外表呈金黄色，外皮酥脆，肉质鲜嫩，咸淡适宜，美味可口。

6. 油炸猪肉皮

油炸猪肉皮可作为许多菜肴的原料，是一种深受消费者喜爱的肉制品。食用时，将油炸猪肉皮浸泡在水中，令其吸足水分并发软，然后根据需要切成条或丁或块，加入菜肴中，别有风味。

1）工艺流程

扦皮→晒皮→浸油→油炸→成品。

2）原料辅料

猪肉皮 10kg、猪油适量。

3）加工工艺

（1）扦皮。将猪皮摊于贴板上，皮朝上，用刀刮去皮上余毛、杂质等；再翻转肉皮，用左手拉住皮的底端，右手用片刀由后向前推铲，把皮下的油膘全部铲除，使皮面光滑平整，无凹凸不平现象；最后修整皮的边缘。肉皮面积以每块不小于 15cm^2 为宜。

（2）晒皮。经过扦皮后的猪肉皮，用刀在皮端戳一个小孔，穿上麻绳，分挂在竹竿或木架上，放在太阳下暴晒。晒到半干时，猪皮会卷缩，此时应用手予以拉平，日晒时间为 2～5d。晒至透明状并发亮即成为干肉皮，存放在通风干燥的地方，可防止发霉。干肉皮可随干随炸，随炸随售。

（3）浸油。将食用猪油加热至 85℃ 左右，用中火保持油温，把肉皮放入油锅内，并浸过油面，稍加大火力，提高油温，并用铁铲翻动肉皮，待肉皮发出小泡时捞出，漏干余油，散尽余热。

（4）油炸。将油温保持在 180～220℃，操作时以左手执锅铲，右手执长炳铁钳，把干肉皮放入油锅内炸制。肉皮很快即发泡发胀，面积扩大，肉皮的四周向里卷缩，应随时用锅铲和铁钳把肉皮摊平，不使其卷缩。待油炸 2～3min 后，肉皮全身胀透，其面积扩大至原来的 3～6 倍时，即起锅置于容器上，滴干余油后即为成品。

4）质量标准

成品要求平整，色泽白或淡黄，质地松脆，不焦不黑，清洁干燥。

油炸鸡米花的加工

油炸鸡米花的加工

一、要点

（1）油炸的主要原理。

（2）油炸制品的一般工艺流程和操作要点。

二、相关用品

油炸机。

三、材料与配方

鸡胸肉 1kg、冰水 200g、食盐 16g、白砂糖 6g、复合磷酸盐 2g、味精 3g、白胡椒粉 1.6g、蒜粉 0.5g、其他香辛料 0.8g、鸡肉香精 8g、辣椒粉 10g、孜然粉 15g、咖喱粉 0.5g。

四、工艺流程

解冻→切条、切块→腌渍→上浆→上屑→油炸→包装→入库。

五、操作要点

（1）解冻。将合格的鸡大胸肉拆去包装，放在解冻室不锈钢案板上自然解冻至肉中心温度为−2℃即可。

（2）切条、切块。将鸡大胸肉沿肌纤维方向切割成条状，每条 7～9g；切块 1.5cm 见方。

（3）腌渍。将鸡大胸肉、香辛料和冰水放在一起，腌制 20min。在 0～4℃的冷藏间静置 12h。

（4）上浆。将切好的鸡肉块放在上浆机的传送带上，给鸡肉块均匀上浆。浆液采用专用的浆液，配比为粉：水＝1：1.6，在打浆机中，打浆时间 3min，浆液黏度均匀。

（5）上屑。采用市售专用的裹粉，先在不锈钢盘中放入适量的裹粉；再将鸡肉条淋去部分腌制液放入裹粉中，用手工对鸡肉块均匀上屑后轻轻按压，裹屑均匀；最后放入塑料网筐中，轻轻抖动，抖去表面的附屑。

（6）油炸。首先将油炸机预热到 180℃，然后使裹好屑的鸡肉块依次通过油层，采用起酥油或棕榈油，油炸时间 60s。

六、质量标准

制品颜色金黄，口感外焦里嫩，块型均匀、完整，不掉渣。

七、完成生产记录单

根据所学知识加工油炸鸡米花，完成生产记录单（表 10-2）。

表 10-2　油炸鸡米花的生产记录单

任务	生产记录			备注
生产方案的制订	原配方： 修改后配方：			
材料选择与处理	材料名称	质量	处理方法	

续表

任务	生产记录			备注
材料选择与处理	材料名称	质量	处理方法	
	所需设备及使用方法：			
油炸	油脂的选择： 油脂的使用方法： 如何判断油炸温度： 油炸时间：			
成品验收	成品色泽： 滋味： 气味： 组织状态：			
成品检验	感官指标检验及结果： 微生物指标检验及结果： 理化检测：			
产品展示、自评及交流	产品照片： 产品评价： 产品改进措施： 产品出品率： 成本核算：			

课后习题

一、填空题

1. 热油炸时控制的油温为＿＿＿＿＿＿＿，处在这种油温时，锅内微有青烟。

2. 大部分油炸制品的最适宜温度应控制在＿＿＿＿＿＿＿。

3．油炸的方法根据油炸温度的不同，可以分为温油炸、热油炸、旺油炸和＿＿＿＿＿4 种。

二、单项选择题

1．根据挂炉烤鸭的原理，以旺油浇淋鸡体加热制熟，此种油炸方法为（　　）。

A．包炸　　　　　B．脆炸　　　　　C．油浸　　　　　D．油淋

2．根据制品要求和质感、风味的不同，油炸可分为（　　）。

A．清炸、干炸　　　B．软炸、酥炸　　　C．卷包炸、脆炸　　　D．以上都是

三、判断题

1．水油混合式油炸在油炸锅内先将油加入至油位显示仪规定的位置，再加入炸用油至油面高出加热器上方 60mm 的位置。（　　）

2．炸制肉制品产生的食物残渣从高温炸制油层落下，积存于底部温度不高的水中。（　　）

3．传统油炸工艺大多采用燃煤或油的锅灶，少数采用钢板焊接的自制平底油炸锅。（　　）

4．水油混合油炸工艺，残渣中含的油经过水分离后返回油层，所耗的油量几乎等于被肉制品吸收的油量，节油效果明显。（　　）

5．原料下锅时的油温，应根据火候、加工原料的性质和数量来加以确定。（　　）

四、简答题

1．传统油炸工艺的缺点有哪些？
2．水油混合式深层油炸工艺的原理及其优点是什么？
3．简述清炸的操作要求及特点。
4．简述干炸的操作要求及特点。
5．油炸用油要求哪三低？
6．油炸肉制品常用的设备有哪些？

五、论述题

传统油炸工艺普遍使用哪些设备？它们的特点是什么？

参考答案

项目十一 腌腊肉制品生产技术

情境
导入

中华老字号"皇上皇"具有悠久的历史,是行业的龙头品牌,其生产的腌腊肉制品深受消费者喜爱。公司领导要求你所在的中式产品工段也生产类似的腌腊肉制品,因此你应掌握腌腊肉制品的生产工艺和操作要点。

任务 腊肠的加工

任务
要求

◎ 具体任务

根据教师提供的学习资料和网络教学资源,小组同学自学腌腊肉制品的种类和产品特点、腌腊肉制品加工的原理和常用加工的方法及设备,在教师的指导下完成学习汇报PPT。制订腊肠的加工方案,按照肉制品生产企业的规范操作,完成腊肠的加工。

◎ 任务准备

各组学生分别完成如下准备工作:

(1)能够根据教师提供的资料和网络教学资源,通过自学方式掌握腌腊肉制品生产的基础知识。

(2)根据学习资料拟定汇报提纲。

(3)根据教师和同学的建议修改汇报提纲,制作汇报PPT。

(4)按照汇报提纲进行学习汇报。

(5)能够根据腌腊肉制品生产的基础知识,制订腊肠的加工方案。

(6)根据教师和同学的建议修改腊肠的加工方案。

(7)按照制订的腊肠的加工方案独立完成任务、填写生产记录单。

◎ 任务目标

(1)能够根据产品的特点,区分腌腊肉制品的种类。

(2)能够根据腌腊肉制品的种类特点,正确选用产品加工使用的原、辅材料。

(3)能够正确书写腌腊肉制品的加工工艺流程。

（4）能够正确选择腌腊肉制品的加工生产设备，明了设备加工原理和操作方法。

（5）掌握腌腊肉制品加工中各工序的操作要点。

（6）掌握腌腊肉制品加工中各工序的质量控制方法。

（7）能够正确填写、准确提交生产记录单。

知识
准备

一、腌腊肉制品的概念及加工原理

腌腊肉制品是我国的传统肉制品之一，是指原料肉经预处理、腌制、脱水、储藏、成熟而成的肉制品。腌腊肉制品主要包括腊肉、咸肉、板鸭、中式火腿等。

尽管腌腊肉制品种类很多，但其加工原理基本相同。其加工的主要工艺为腌制、脱水和成熟。肉的腌制是肉品储藏的一种传统手段，也是肉品生产中常用的加工方法。腌腊肉制品通常添加食盐或以食盐为主，并添加糖、硝酸盐、亚硝酸盐、抗坏血酸、异抗坏血酸等，在提高肉的保水性及出品率的同时，还可抑制微生物繁殖，改善肉类色泽和风味，使腌腊肉制品更加具有特色。

1. 腌制过程中的防腐作用

1）食盐的防腐作用

腌制的主要用料是食盐，一定浓度的食盐溶液能抑制多种微生物的繁殖，对腌腊肉制品有防腐作用。

食盐的防腐作用主要表现在以下几点。

（1）脱水作用。食盐溶液有较高的渗透压，能引起微生物细胞质膜分离，导致微生物细胞的脱水、变形。

（2）影响细菌的酶活性。食盐与膜蛋白质的肽键结合，导致细菌酶活力下降或丧失。

（3）毒性作用。Cl^- 和 Na^+ 均对微生物有毒害作用。Na^+ 的迁移率小，能破坏微生物通过细胞壁的正常代谢。

（4）离子水化作用。食盐溶于水后即发生解离，减少了游离水分，破坏水的代谢，导致微生物难以生长。

（5）缺氧的影响。食盐的防腐作用还在于氧气不易溶于食盐溶液中，溶液中缺氧，可以防止好氧菌的繁殖。

以上这些因素都影响到微生物在食盐溶液中的活动，但是，食盐溶液仅仅能抑制微生物的活动，而不能杀死微生物，不能消除微生物污染对肉的危害，不能制止引起肉腐败的某些微生物的繁殖。

2）硝酸盐和亚硝酸盐的防腐作用

硝酸盐和亚硝酸盐可以抑制肉毒梭状芽孢杆菌的生长，也可以抑制许多其他类型腐败菌的生长。这种作用在硝酸盐浓度为 0.1%和亚硝酸盐浓度为 0.1%左右时最为明显。肉毒梭状芽孢杆菌能产生肉毒梭菌霉素，这种毒素具有很强的致死性，对热稳定，大部分肉制品进行热加工的温度仍不能杀灭它，而硝酸盐能抑制这种毒素的生长，防止食物中毒事故的发生。

硝酸盐和亚硝酸盐的防腐作用受 pH 的影响很大，腌腊肉制品的 pH 越低，食盐含量越高，硝酸盐和亚硝酸盐对肉毒梭状芽孢杆菌的抑制作用就越强。当 pH 为 6 时，硝酸盐和亚硝酸盐对细菌有明显的抑制作用；当 pH 为 6.5 时，硝酸盐和亚硝酸盐的抑菌能力有所降低；当 pH 为 7 时，硝酸盐和亚硝酸盐不起作用。

3）微生物发酵的防腐作用

在肉品研制过程中，微生物代谢活动降低了 pH 和水分活度，抑制了部分腐败菌和病原菌的生长。在腌制过程中，能发挥防腐功能的微生物发酵主要是乳酸发酵、轻度的酒精发酵和微弱的乙酸发酵。

4）调味香辛料的防腐作用

许多调味香辛料具有抑菌或杀菌作用，如生姜、花椒、胡椒等都具有一定的抑菌作用。

2. 腌制的呈色作用

1）硝酸盐和亚硝酸盐的发色作用

肉类的红色是肌红蛋白及血红蛋白所呈现的一种感官性状。肌红蛋白是表现肉颜色的主要成分。新鲜肉呈现还原性肌红蛋白的颜色——紫红色。还原性肌红蛋白性质不稳定，易被氧化。还原性肌红蛋白分子中二价铁离子上的结合水可被分子状态的氧置换，形成氧合肌红蛋白（高铁肌红蛋白），呈褐色，如再进一步氧化，则成氧化卟啉，呈黄色或绿色。但氧化肌红蛋白在还原剂的作用下，也可以被还原成还原性肌红蛋白。

肌红蛋白和血红蛋白都是血红素与珠蛋白的结合物，珠蛋白对血红素有保护作用，故鲜肉能保持一段时间紫红色不变。但珠蛋白受热易变性，变性后的珠蛋白失去抗氧化能力，血色素很快被氧化褪色为灰色。为了使肉制品保持鲜艳的颜色，在加工过程中，往往添加硝酸盐或亚硝酸盐进行还原和稳色。

硝酸盐在肉中脱氮菌（或还原物质）的作用下，被还原成亚硝酸盐［式（a）］。亚硝酸盐在一定的酸性条件下被分解成亚硝酸［式（b）］。亚硝酸很不稳定，容易分解产生亚硝基［式（c）］。亚硝基很快与肌红蛋白反应生成鲜艳红色的亚硝基肌红蛋白［式（d）］。亚硝基肌红蛋白遇热后颜色稳定不褪色。换言之，就是在肌红蛋白被氧化成高铁肌红蛋白之前先行稳色。

$$NaNO_3 \xrightarrow{\text{脱氮菌还原（+2H）}} NaNO_2 + H_2O \tag{a}$$

$$NaNO_2 + CH_3CH(OH)COOH \longrightarrow HNO_2 + CH_3CH(OH)COONa \tag{b}$$

$$HNO_2 \xrightarrow{\text{不稳定分解}} H^+ + NO_3^- + \cdot NO + H_2O \tag{c}$$

$$\cdot NO + \text{肌红蛋白（血红蛋白）} \longrightarrow \text{亚硝基肌红蛋白（血红蛋白）} \tag{d}$$

亚硝酸盐能使肉发色迅速，但呈色作用不稳定，适用于生产过程短而不需要长期储藏的肉制品，对生产周期长和需长期保藏的制品，最好使用硝酸盐。现在生产中广泛采用混合盐料。

2）抗坏血酸及其钠盐的助色作用

肉制品中常用抗坏血酸、异抗坏血酸及其钠盐、烟酰胺等作发色助剂，其助色机理与亚硝酸盐的发色过程紧密相连。由式（d）可知，·NO 的量越多，则呈红色的物质越多，肉色越红。从式（c）中可知，亚硝酸经自身氧化反应，只有一部分转化成·NO，而另一部分则转化成了硝酸，硝酸具有很强的氧化性，使红色素中的还原型铁离子（Fe^{2+}）被氧化成氧化型铁离子（Fe^{3+}），而使肉的色泽变褐。并且生成的·NO 可以被空气中的氧氧化成 NO_2，进而与水生成硝酸和亚硝酸，反应结果不仅减少了·NO，而且生成了氧化性很强的硝酸。

$$· NO + O_2 \longrightarrow NO_2 \qquad\qquad (e)$$

$$NO_2 + H_2O \longrightarrow HNO_3 + HNO_2 \qquad\qquad (f)$$

发色助剂具有较强的还原性，其助色作用是促进·NO 的生成，防止·NO 及亚铁离子的氧化。它能促使亚硝酸盐还原成·NO，并创造厌氧条件，加速亚硝基肌红蛋白的形成，完成助色作用。烟酰胺也能形成烟酰胺肌红蛋白，使肉呈红色，同时使用抗坏血酸和烟酰胺助色效果更好。

抗坏血酸的使用量一般为 0.02%～0.05%，最大使用量为 0.1%。

腌腊制品因其含水量低，呈色物质浓度较高，因此，比其他肉制品色泽更鲜亮。肥肉经成熟后，常呈白色或无色透明，使腌腊肉制品红白分明。

3. 腌制的呈味作用

肉经腌制后形成了特殊的腌制风味。在通常条件下，出现特有的腌制香味需腌制 10～14d，腌制 21d 香味明显，40～50d 香味达到最大程度。香味和滋味是评定腌制品质量的重要指标，对腌制风味形成的过程和风味物质的性质目前还没有一致结论。一般认为，这种风味是在组织酶、微生物产生的酶的作用下，由蛋白质、浸出物和脂肪变化成的络合物形成的。在腌制过程中发现有羰基化合物的积聚。随着这些物质含量的增加，风味也有所改善。因此，腌肉中少量羰基化合物使其风味有别于非腌肉。

腌肉在腌制过程中加入的亚硝酸盐也参与其风味的形成，亚硝酸盐的存在导致风味不同是由于它干扰了不饱和脂肪酸的氧化，可能使血红素催化剂失活。加亚硝酸盐腌制的火腿，羰基化合物的含量是不加的 2 倍。影响风味形成的因素还有盐水浓度，低浓度的盐水腌制的猪肉制品其风味比高浓度腌制的好。

二、腌腊肉制品的分类和特点

1. 腌腊肉制品的分类

腌腊肉制品是以鲜、冻肉为主要原料，经腌制、酱制、晾晒或烘烤等工艺加工而成的生肉类制品，不能直接入口，食用前需经熟制加工。根据加工工艺及产品特点，腌腊肉制品可分为咸肉类、腊肉类、酱肉类和风干肉类。

2. 腌腊肉制品的特点

腌腊肉制品具有肉质细致紧密、色泽红白分明、滋味咸鲜可口、便于携带和储藏等特点，受到广大群众的喜爱。腌腊早已不单是保藏防腐的一种方法，而成了肉制品加工的一种独特工艺。

（1）咸肉类：即原料肉经腌制加工而成的生肉类制品。咸肉又称腌肉，其主要特点是成品肥肉呈白色，瘦肉呈玫瑰红色或红色，具有独特的腌制风味，味稍咸。常见咸肉类有咸猪肉、咸羊肉、咸牛肉、咸水鸭等。

（2）腊肉类：即肉经食盐、硝酸盐、亚硝酸盐、糖和调味香料等腌制后，再经晾晒或烘烤等工艺加工而成的生肉类制品。腊肉类的主要特点是成品呈金黄色或红棕色，产品整齐美观，不带碎骨，具有腊香，味美可口。常见腊肉类有中式火腿、腊肠、腊猪肉（如四川腊肉、广式腊肉）、腊羊肉、腊牛肉、腊鸡、板鸭等。

（3）酱肉类：即肉经食盐、酱料（甜酱或酱油）腌制、酱渍后，再经脱水（风干、晒干或烘干等）而加工制成的生肉类制品。酱肉类具有独特的酱香味，肉色棕红。常见酱肉类有清酱肉（北京清酱肉）、酱封肉（广东酱封肉）和酱鸭（成都酱鸭）等。

（4）风干肉类：即肉经腌制、洗晒、晾挂、干燥等工艺加工而成的生肉类制品。风干肉类干而耐咀嚼，回味绵长。常见风干肉类有风干猪肉、风干牛肉、风干羊肉、风干兔肉和风干鸡肉等。

三、腌腊肉制品的加工设备

1. 绞肉机

绞肉机又称碎肉机，主要功能是将整块的原料肉或脂肪按要求的大小切碎绞制成细粒或肉糜，以减轻手工劳动强度，提高生产效率。现在设计的绞肉机除具有绞肉功能外，还有剔除筋腱、嫩骨和混合的功能。

绞肉机的构造一般分为原动部分、传动装置和工作部分。绞肉机的大小一般用数字表示，数字越大，筒体出口口径越大。图11-1所示是JR-130型绞肉机，其主要机构包括电动机、V带、孔板、绞刀、绞笼、减速器、压紧套、料斗箱、配电箱、机架等。

2. 切丁机

切丁机又称脂肪切丁机，是一种主要用于脂肪切割的机械，在批量生产的大、中型企业应用较广。在制作干香肠及其他一些需要添加脂肪丁的香肠过程中，可使用切丁机。它的作用是根据不同品种的工艺要求，把脂肪切成各种规格的丁，并将其作为原料与其他馅料一起加入灌肠中成型加工，如广东香肠等产品。切丁机可在 $6\sim50mm^3$ 范围内切丁，规格由机头上安装的刀算大小来决定。

切丁机主要由料仓、机头帽子、左刀算、右刀算、推进绞笼、出料导槽、电动机及偏心机械转动系统和机架等组成，如图 11-2 所示。

图 11-1　JR-130 型绞肉机　　　　　　　　图 11-2　切丁机

3．充填机

充填机又称灌肠机，是将混合好的肉馅在动力作用下充填到肠衣中而形成灌肠的机器。充填机的种类很多，一般有卧式和立式两种，卧式一般是小型手动型的，立式有活塞式和电动式。目前，国内肉制品生产常用的充填机有活塞充填机、真空充填机、自动充填结扎机等。

真空充填机是一种由料斗、肉泵（齿轮泵、叶片泵或双螺旋泵等）和真空系统所组成的连续式灌装机。该机能使用不同类型的肠衣，灌制不同风格的香肠。真空充填机一般带有自动扭结、定量灌制、自动上肠衣等装置，还可以与自动打卡机、自动上肠机、自动罐头充填机等设备配套使用。

真空系统是该类充填机最重要的系统部件，真空进料可以防止产品出泡氧化，避免蛋白质水解，延缓产品变质。真空充填机（图 11-3）生产效率高，操作方便，真空度高，适用于大规模生产高质量的天然或人造肠衣的香肠和火腿。

图 11-3　真空充填机

四、腌腊肉制品的工艺流程及生产操作要点

下面以腊肠为例进行介绍。腊肠俗称香肠，是指以肉类为原料，经切、绞成丁，配以辅料，灌入动物肠衣后经发酵、成熟干制而成的肉制品，是我国肉类制品中品种最多的一大类产品。这类产品不允许添加淀粉、血粉、色素及非动物性蛋白质，食用前需要熟加工。因为在加工工艺中有较长时间的日晒和晾挂或烘制过程，所以在适当的温度和湿度下，受微生物酶的作用，其肌肉组织中的蛋白质发生分解，从而产生独特的风味。

新鲜腊肠呈枣红色，瘦肉为玫瑰红色至枣红色，肥肉呈乳白至白色，红白分明；甜咸适宜，柔嫩爽口；种类多，食用方便，深受消费者喜爱，在国外也享有盛誉。我国较著名的腊肠有广式腊肠、川式腊肠、武汉香肠、天津小腊肠、哈尔滨风干肠等，广式腊肠是其代表。广式腊肠是以猪肉为原料，经切碎或绞碎成丁，用食盐、硝酸盐、糖、曲酒、酱油等辅料腌制后，充填入天然肠衣中，经晾晒、风干或烘烤等工艺而制成的一类生干肠制品。各种腊肠除了用料略有不同外，制法大致相同。

1. 工艺流程

原料选择与修整→辅料选择→拌馅与腌制→灌制→排气→结扎→漂洗→晾晒和烘烤→成品。

2. 生产操作要点

1）原料选择与修整

腊肠的原料肉以猪肉为主，要求新鲜。瘦肉以腿臀肉为最好，肥膘以背部硬膘为好，腿膘次之。原料肉经过修整，去掉筋腱、骨头和皮，分割好的肉尽量做到肥肉中不见瘦肉，瘦肉中不见肥肉。瘦肉用绞肉机以 0.4～1.0cm 的筛板绞碎，肥肉切成 $0.6～1.0cm^3$ 的肉丁。肥肉丁切好后用温水清洗一次，以除去浮油及杂质，捞入筛内，沥干水分待用，肥瘦肉要分别存放。

2）辅料选择

腊肠的加工离不开糖、酒、食盐、酱油、硝酸盐作配料，它们经过溶解腌制不但能使产品达到色、香、味的要求，而且对产品起着防腐、增加食品感观性状及提高产品质量的重要作用，因而辅料质量的好坏直接影响产品的优劣。

（1）糖：在腊味生产中，糖可中和调味，软化肉质，起发色及防止亚硝酸盐分解的作用。因此，要求其晶粒均匀，干燥松散，颜色洁白，无带色糖料、糖块，无异物，水溶液味甜，纯正。

（2）酒：不但可排除肉腥味，而且可增加产品的香味，有杀菌、着色、保质的作用。要求其透明清澈，无沉淀杂质，气味芳香纯正。酒精度以 54% 为宜，如汾酒、玫瑰露酒均可使产品产生一种特殊的醇香。

（3）食盐：既是防腐剂，又是调味料，可以抑制细菌生长，在腊味肉的腌制中起着渗透作用，使肌肉中的水分排出，肌肉收缩，肉质变得紧密，便于保存。

（4）酱油：以其制造方法不同可分为两种，即酿造酱油及配制酱油。由于酿造酱油利用霉菌的作用由大豆及面粉分解而成，有特殊的滋味及豉香味，因此在广大腊肠生产中建议采用酿造酱油。同时，应对酱油的微生物、氨态氮等指标进行监测。

（5）硝酸盐：硝酸盐在细菌的作用下被还原成亚硝酸盐，亚硝酸盐具有良好的呈色和发色作用，能抑制腊制品腐败菌的生长，同时能产生特殊的腌制风味，防止脂肪氧化酸败。鉴于亚硝酸盐的安全性问题，生产企业应严格控制硝酸盐的添加量，并严格检测其亚硝酸盐的残留量。

（6）肠衣：广式腊肠使用的肠衣，大多采用盐肠衣或干肠衣。盐肠衣富有韧性，产品爽口，口感好。干肠衣经过腌制、加工、烘干或晒干而成，肠衣薄，身质脆，但品种很多，如蛋白肠衣、单套肠衣、吹晒肠衣等。这要根据供应的地区来选择。由于肠衣涉及广式腊肠的色泽、口感、滋味、外形等问题，同时还牵涉生产成本，所以对肠衣的要求也很重要。

几种腊肠的配方如表 11-1 所示。

表 11-1　几种腊肠的配方　　　　　　　　　　　　　　单位：kg

成分	广式腊肠	武汉香肠	哈尔滨风干肠	川式腊肠
瘦肉	70	70	75	80
肥肉	30	30	25	20
精盐	2.2	3	2.5	3.0
糖	7.6	4	1.5	1.0
白酒（50%）	2.5	—	0.5	—
汾酒	—	2.5	—	—
曲酒	—	—	—	1.0
白酱油	5	—	—	3.0
酱油	—	—	1.5	—
硝酸钠	0.05	—	—	0.05
硝酸钾	—	0.05	—	—
亚硝酸钠	—	—	0.1	—
味精	—	0.3	—	0.2
生姜粉	—	0.3	—	—
白胡椒粉	—	0.2	—	—
苏砂	—	—	0.018	—
大茴香	—	—	0.01	0.015
小茴香	—	—	0.01	—
花椒	—	—	—	0.1
肉豆蔻	—	—	0.017	—
桂皮粉	—	—	0.018	0.045
白芷	—	—	0.018	—
丁香	—	—	0.01	—
山奈	—	—	—	0.015
甘草	—	—	—	0.03
荜拨	—	—	—	0.045

3）拌馅与腌制

根据配方标准，把肉和辅料混合均匀。可在搅拌时逐渐加入 20% 左右的温水，以调节黏度和硬度，使肉馅更润滑、致密。放置 2～4h 后，瘦肉变成内外一致的鲜红色，用手触摸有坚实感、不绵软，即完成腌制。此时加入白酒拌匀，即可灌制。

4）灌制

肠衣一般选用猪小肠衣或羊小肠衣。肠衣质地要求色泽洁白、厚薄均匀、不带花纹、无砂眼等。将干肠衣或盐渍肠衣在清水中浸泡柔软，洗去盐分后备用。灌肠可采用机械或手动灌制，要求灌馅松紧适宜，防止过紧或过松。

5）排气

用排气针在湿肠上刺孔，以利排出内部空气。

6）结扎

每隔10～20cm用细线结扎一道，具体长度依品种规格不同而异。

7）漂洗

将湿肠用清水漂洗，将香肠外衣上的残留物冲洗干净。一般先用60～70℃水漂洗，然后在冷水中摆动几次。

8）晾晒和烘烤

将湿肠挂在竹竿上，放在日光下暴晒2～3d（如阴雨天可在烘房内烘烤，以免水汽浸入变质），2～4h转竿一次，肠与肠之间距离为3～5cm。晚上送入烘烤房内烘烤，温度保持在42～59℃。温度不宜过高，温度高脂肪易熔化，而且瘦肉也会烤熟，造成香肠色泽变暗、成品率低；温度过低则难以干燥，易引起发酵变质。一般经过3d的烘晒后，再晾挂到通风良好的场所风干10～15d即为成品。

9）成品

优质的腊肠色泽光润，瘦肉粒呈自然红色或枣红色；脂肪雪白，条纹均匀，不含杂质；手感干爽，肠衣紧贴，结构紧凑，弯曲有弹性；切面肉质光滑无空洞，无杂质，肥瘦分明，质感好，腊肠切面香气浓郁，肉香味突出。劣质的腊肠色泽暗淡无光，肠衣内粒分布不均匀，切面肉质有空洞，肉身松软、无弹性，且带黏液，有明显酸味或其他异味。

五、腌腊肉制品的质量控制及评价要点

1. 食盐的纯度

食盐中除氯化钠外，还有镁盐和钙盐等杂质，在腌制过程中，它们会影响食盐向肉块内渗的速度。因此，为了保证食盐能够迅速渗入肉内，应尽可能选用纯度较高的食盐，以有效防止肉制品腐败。食盐中不应有微量铜、铬存在，它们的存在会加速腌腊制品中脂肪的氧化腐败。食盐中硫酸镁和硫酸钠过多还会使腌制品具有苦味。

2. 食盐的使用量

盐水中盐分浓度常根据相对密度表即波美表确定。但是，腌肉时用的是混合盐，其中含有糖分、硝酸盐、亚硝酸盐、抗坏血酸等，对波美度读数有影响。盐水中加糖后所

提高的波美度值相当于同样加盐量的一半。硝酸盐、亚硝酸盐、抗坏血酸等虽然对波美度读数也有影响，但由于含量还不足以对计算盐水浓度产生明显的影响，可以不计。

腌制时食盐用量需根据腌制目的、环境条件、腌制品种类和消费者口味而有所不同。腌制时温度高，用量宜大些；温度低，用量可适当降低。为了达到完全防腐的目的，要求食品内盐分的浓度至少是 7%，因此所用盐水浓度至少是 25%。但是，一般来说盐分过高就难以食用。从消费者能接受的腌制品咸度来看，其盐分以 2%～3% 为宜，现在腌制品一般趋向于低盐水浓度腌制。

3. 硝酸盐和亚硝酸盐的使用量

肉制品的色泽与发色剂的使用量相关，用量不足时发色效果不理想，为了保证肉色理想，亚硝酸钠最低用量为 0.05g/kg。为了确保使用安全，我国国家标准规定：亚硝酸钠最大使用量为 0.15g/kg，而硝酸盐使用量相对亚硝酸盐大一些，腌肉时硝酸钠最大使用量为 0.5g/kg。在安全范围内使用发色剂的量和原料肉的种类、加工工艺条件及气温情况等因素有关。一般气温越高，呈色作用越快，发色剂添加量可适当减少。

4. 腌制添加剂

加烟酸和烟酰胺可形成比较稳定的红色，但这些物质无防腐作用，还不能代替亚硝酸钠。蔗糖和葡萄糖也可影响肉色强度和稳定性。另外，香辛料中的丁香对亚硝酸盐有消色作用。

5. 温度

虽然高温下腌制速度较快，但就肉类来说，它们在高温条件下极易腐败变质。为防止在食盐渗入肉内之前就出现腐败变质现象，腌制应在低温条件下（10℃以下）进行。有冷藏库时，肉类宜在 2～4℃条件下进行腌制。

6. 其他因素

肉的 pH 会影响发色效果，因亚硝酸盐只有在酸性介质中才能还原成 NO，所以当 pH 呈中性时肉色就淡。在肉品加工中为了提高肉制品的保水性，常加入碱性磷酸盐，加入后会引起 pH 升高，影响呈色效果。如肉的 pH 过低，亚硝酸盐消耗增大，如亚硝酸盐使用过量，易引起肉色变绿，发色的最适 pH 范围一般为 5.6～6.0。

另外，肉类腌制时，保持缺氧环境有利于避免褪色。当肉类无还原物质存在时，暴露于空气中的肉表面的色素就会氧化，并出现褪色现象。

综上所述，在腌制时，必须根据腌制时间长短，选择合适的发色剂，掌握适当的用量，在适宜的 pH 条件下严格操作。并且要注意采用避光、低温、添加抗氧化剂，真空包装或充氮包装，添加去氧剂脱氧等方法，以保证腌肉的质量。

在肉品加工中，腌制是非常重要的加工环节，腌制可改善肉类的风味、色泽并能提高耐储性。腌制同时也可拮抗肉毒梭状芽孢杆菌，以防止腌肉可能造成的病原菌传播。腌制是腌腊制品加工中的关键技术，直接关系着成品的色、香、味、形等感官品质。

腊肠的加工

一、要点

（1）腊肠的工艺流程及操作要点。
（2）晾晒和烘烤。

二、相关器材

冷藏柜、台秤、刀具、盆、蒸煮锅、加热灶、竹竿、排气针、棉线等。

三、材料与配方

广式腊肠参考配方：以 100kg 猪肉（瘦肉 70kg，肥肉 30kg）计，精盐 2.2kg、糖 7.6kg、白酒 2.5kg、白酱油 5kg、硝酸钠 0.05kg，肠衣若干。

四、工艺流程

原料选择→切粒→辅料选择→拌馅与腌制→灌制→排气→结扎→漂洗→晾晒、烘烤→成品。

五、操作要点

操作要点参考"知识准备"中"四、腌腊肉制品的工艺流程及生产操作要点"下"生产操作要点"中的内容。

六、完成生产记录单

根据所学知识加工腊肠，完成生产记录单（表 11-2）。

表 11-2　腊肠的生产记录单

任务	生产记录			备注
生产方案的制订	原配方：			
	修改后配方：			
材料选择与处理	材料名称	质量	处理方法	

续表

任务	生产记录			备注
	材料名称	质量	处理方法	
材料选择 与处理				
	所需设备及使用方法：			
拌馅与腌制	所需设备及使用方法： 加料顺序： 腌制时间：			
灌制	所需设备及使用方法： 灌制规格：			
排气、结扎	所需设备及使用方法： 结扎长度：			
晾晒、烘烤	晾晒所需设备及使用方法： 晾晒条件： 晾晒时间： 烘烤所需设备及使用方法： 烘烤温度： 烘烤时间：			
成品检验	感官指标检验及结果： 微生物指标检验及结果：			
产品展示、自 评及交流	产品照片： 产品评价： 产品改进措施： 产品出品率： 成本核算：			

课后习题

一、填空题

腌腊肉制品包括_____、_____、_____、_____等。

二、单项选择题

1. 肉类原料经过加盐或天然香辛料腌制，再经过动态低温下自然风干，形成的具有独特风味的肉制品是（　　）。

A．腌腊肉制品　　B．酱卤肉制品　　C．烧烤肉制品　　D．油炸肉制品

2. 下列加工出来的肉制品属于腌腊肉制品的是（　　）。

A．火腿肠、盐水鸭、白切肚条　　B．牛肉干、猪肉松、油炸酥肉

C．板鸭、腊猪肉、金华火腿　　D．北京烤鸭、红烧牛肉、叫花鸡

三、判断题

1. 干腌法腌制时间较长，食盐进入深层的速度缓慢，容易造成肉的内部变质。
（　　）

2. 由于浙江金华地处于沿海地区，是我国改革开放的前沿，所以金华火腿是从国外引进西式肉制品加工技术生产出来的肉制品。
（　　）

四、简答题

1. 简述腌腊肉制品的种类及其特点。
2. 分析广式腊肉生产中使用食盐和糖的作用。

五、论述题

试述广式腊肠的加工工艺及操作要点。

参考答案

参 考 文 献

白艳红，成亚宁，王玉芬，等，2005．我国低温肉制品研发现状与进展[J]．肉类工业（1）：25-27．

崔敏，2007．高压水对猪肉凝胶品质的影响研究[D]．合肥：合肥工业大学．

段会轲，周辉，2008．脱氢醋酸钠复合保鲜在低温肉食品中的应用[J]．肉类工业（9）：14-16．

冯宽德，1999．低温肉制品的发展趋势[J]．肉类工业（5）：21-22．

高坂和久，1990．肉制品加工工艺及配方[M]．张向生，译．北京：中国轻工业出版社．

郭素琴，马晓跃，马柯，2003．延长低温肉制品保鲜期的有效措施[J]．郑州牧业工程高等专科学校学报，23（3）：185-186．

鞠光荣，2008．肉品检验检疫技术[M]．北京：中国轻工业出版社．

李应华，2008．熏煮香肠的科学制作工艺[J]．漯河职业技术学院学报（2）：85-86．

李志成，刘超，吴俊发，1998．肉制品添加剂：混合磷酸盐的研制[J]．肉类研究（2）：34-36．

马晓跃，2005．延长低温肉制品保鲜期的方法[J]．肉类工业（1）：1-4．

马玉山，2002．低温肉制品防腐剂的使用[J]．山东食品科技（12）：27．

南庆贤，2003．肉类工业手册[M]．北京：中国建筑工业出版社．

彭增起，2007．肉制品配方原理与技术[M]．北京：化学工业出版社．

邱冬玲，2007．中国低温肉制品发展中的问题及解决对策[J]．农业工程技术（农产品加工）（3）：20-23．

舒惠国，上官新晨，沈勇根，等，2005．食品质量与安全[M]．北京：中国人事出版社．

孙卫青，2001．低温肉制品将成我国肉类发展方向[J]．河南畜牧兽医：综合版（11）：45．

孙源源，张德权，2008．低温肉制品保鲜技术研究进展[J]．肉类研究（5）：14-17．

天野庆之，等，1996．肉制品加工手册[M]．金辅建，薛茜，译．北京：中国轻工业出版社．

王春齐，仵世清，2002．低温肉制品质量控制[J]．肉类工业（5）：18-19．

王赛齐，2000．低温肉制品ABC[J]．肉品卫生（1）：41．

王玉芬，刘瑞毅，1999．低温肉制品变质原因及质量控制[J]．肉类工业（10）：38-39．

许瑞，杜连启，2016．新型肉制品加工技术[M]．北京：化学工业出版社．

朱红，黄一贞，张弘，1990．食品感官分析入门[M]．北京：中国轻工业出版社．